U0021540

音樂家的點子就是比你快兩拍

跟流行樂天才學商業創新思維

Two Beats Ahead:
What Musical Minds Teach Us About Innovation

帕諾斯・巴奈（Panos A. Panay）、麥可・亨里克斯（R. Michael Hendrix）／著
林凱雄／譯

音樂家的點子就是比你快兩拍

跟流行樂天才學商業創新思維

積木文化

各界推薦語

《音樂家的點子就是比你快兩拍》是首開先例之作，打破了商業和藝術互斥的常見迷思。音樂人有太多值得我們學習的創新和創意之道能用於經商，透過這本充滿開創性又引人入勝的書，帕諾斯・巴奈和麥克・亨里克斯精準點出這個時代欠缺了什麼。

——艾美・柯蒂（Amy Cuddy），社會心理學家，暢銷書《姿勢決定你是誰》作者。

一直以來我都認為，人生要成功，得有商業的紀律加上藝術的混亂。成功的音樂人都是創業家，傑出的商業領袖也都是藝術家。巴奈和亨里克斯就在本書裡證明了這一點。如果你想為追逐夢想找到一條阻力最小的路，這本書非讀不可！

——凱文・歐奧利里（Kevin O'Leary），美國真人實境秀《鯊魚坦克》（Shark Tank）投資人與董事，O'Shares ETF 創投公司創辦人。

這本書在探討的其實就是創作歷程。以音樂為主要材料，佐以經營、領導、設計之道，再透過精彩的故事呈現，成果絕對能為所有想拓展創造力的人帶來莫大啟發。

——提姆．布朗（Tim Brown），IDEO總裁，《設計思考改造世界》作者。

學者早已知道音樂智能可以活化非線性的全腦，促進療癒、創造力與創新。不論你是改革者，創業家，或是想開發值得探索的新領域，重新想像人類意識未來演化及其無限可能，這本書都能為你指路。

——狄帕克．喬布拉（Deepak Chopra）醫學博士。

我們在這個世界如何行動，端視我們對這個世界的感知而定。本書根據作者在伯克利的課程，讓我們看到不論你是誰，音樂人思維與設計師思維異曲同工，都能幫你釋放靈感和創新力。

——大衛．凱利（David Kelley），IDEO創始人，史丹佛設計學院創辦人。

這本書探討的不只有創新。這或許是當代最刺激思考也最有想法的商管書，針對五十年來眾聲喧嘩的顛覆創新提出一家之言。

——吉姆．錢比（Jim Champy），商管顧問，《企業再造工程》（*Reengineering the Corporation*）共同作者。

傑出的流行音樂人必然兼顧了嚴謹的架構，自由的即興，無私的合作，獨特的自我表達，以及藝術性和商業性。能夠一窺頂尖藝人的創作過程和經營思維，真是一大享受。

——史特．德希奇（Scott Dadich），《抽象：設計的藝術》（Abstract: The Art of Design）影集創作人，美國國家設計獎得主，《連線》雜誌（*Wired*）前總編輯。

當個藝人不只要充滿想像力——想要創作歌曲並與世人分享，你也得運用想像力解決問題、與人合作、軸轉、拼事業。這本書讓我們看到，不論是創業家、教育者和任何想創新的人，像個音樂人一樣思考都能帶給你寶貴的收穫。

——里希凱許．賀維（Hrishikesh Hirway），播客節目《金曲大解密》（Song Exploder）創始人與主持人。

我們都知道創意對樂壇很重要，創新對商場很重要。只不過，要是創意跟創新其實是一體兩面呢？《音樂家的點子就是比你快兩拍》正如同它所著墨的主題，是極富創意、十足創新，又趣味盎然的一本書。

——厄文．伍勒達斯基—柏格（Irving Wladawsky-Berger），

前IBM科技學院理事會主席，麻省理工斯隆管理學院特聘研究員。

目次

浸體驗的滿意程度。

第九章　重塑：我的面貌，不只一種——293

企業如何永續經營？關鍵是在變化多端的世界裡找到核心長處，擁抱多重面貌。許多歷史悠久的大公司，如網飛、推特、任天堂等，都是如此。來，跟大衛・鮑伊看齊，當條變色龍試試？

尾奏——327

取樣樣本（就是參考資料啦）——342

唱片封套文字說明：致謝——354

隱藏曲目——355

附錄：中英對照表——356

序曲

音樂是萬用鑰匙，能為你打開每一扇門。
——菲董（Pharrell Williams）

伯克利音樂學院（Berklee College of Music）位於美國波士頓後灣區（Back Bay），距芬威球場（Fenway Park）和查爾斯河（Charles Rivers）不遠，校園裡有棟可容納一千兩百名觀眾的表演廳。在二〇一八年一個冷得不尋常的四月天，表演廳裡坐滿了學生、教職員和校外人士，全場目光緊盯著舞臺上懸掛的大螢幕。

當畫面浮現，整個螢幕都是音樂人菲董巨大的身影。他透過 Skype 從加州自宅與伯克利的聽眾進行視訊座談，分享他身兼藝人與創業家的經驗。菲董是創作歌手和製作人，與傻瓜龐克（Daft Punk）、傑斯（Jay-Z）、大賈斯汀（Justin Timberlake）和羅賓・西克（Robin Thicke）等人都搭檔過，並因此獲得十一座葛萊美獎和一次奧斯卡獎提名。他指導設計的商品也很有名。他為愛迪達（Adidas）*、香奈兒（Chanel）、銳步（Reebok）和 Timberland 設計過球鞋，為路易・威登（Louis Vuitton）設計過眼鏡和珠寶，為法國品牌 Moncler 設計過羽絨外套，以及日本設計師川久保玲的品牌 Comme des Garçons 的一款香水。

座談開始前，帕諾斯先感謝菲董撥空與會，尤其今天剛好是菲董的生日。這話一說完，會場隨即有五名學生從座位站起來，以無伴奏人聲合唱〈祝你生日快樂〉，在幾小節後無縫轉接菲董的暢銷金曲〈快樂〉（Happy），邊唱邊踏腳助陣，青春又有朝氣。

演唱結束，菲董欣然向歌者鞠躬致謝，隨即用簡單一句話為座談開場：「音樂是萬用鑰匙，能為你打開每一扇門。」接下來他與大家分享他在錄音室學到的思維——順從直覺、與人合作、信任自己的聲音，以及探索新的表達方式。這些思維也幫他做了許多成功的商業投資。

他告訴我們大家：「我總是好奇，有什麼新聲音、新架構、新方法能用來表達自己。對我來說，好奇心應該是一切的源頭吧。有些人全心做好一件事，這也很適合他們。可是我們很多人，包括今天在座的一些人，非得用五花八門的方式才能真正自我表達。這麼做讓我們享受到在不同土壤撒種所結出的果實。」

在近三十年的時間裡，菲董將這些思維既用於創作，也用於經商。他身為音樂人，不論現場演出或在錄音室都很善於轉化情感，巧妙運用和弦與音階與觀眾連結。他也憑相同的道理為國際品牌、時尚名牌擔任創意指導，與他的顧客連結。從許多方面看來，他都具體示範了本書將要探索的許多概念：音樂人在修業時養成的思維，使他們成為優秀的創業家。不論是藝人、高級主管

＊編注：官方中譯名稱為「阿迪達斯」，此僅以口語習慣稱之。

或創意點子王，都能應用這些技巧——小公司老闆、有志創業的夢想家、非營利組織主管，或是零工經濟中的接案高手，都不例外。

菲董當然不是唯一的例子，我們為了寫這本書訪談過很多人，像是大賈斯汀告訴我們如何寫歌，伊莫珍・希普（Imogen Heap）聊她怎麼做實驗，漢克・肖克利（Hank Shocklee）和提朋・柏奈特（T Bone Burnett）分享他們調整環境以助人發揮創意的經驗。我們也與王子（Prince）的音響師蘇珊・羅傑斯（Susan Rogers）聊到開發原型（prototyping），聽甘地夫人（Madame Gandhi）說她如何與觀眾連結，吉米・艾爾文（Jimmy Iovine）則告訴我們聆聽市場契機的道理。就連谷歌X實驗室（Google X）和亞馬遜（Amazon）的高層，也都是我們的訪談對象。

我們知道這些訪談機會非常難得。我們兩個都曾是樂手，創立過成功的公司，現在又在以創新揚名國際的組織擔任主管：帕諾斯是伯克利負責全球策略與創新的副校長、麥克是IDEO的全球設計總監。一路走來我們實在幸運，有許多大門為我們打開。只不過，我們兩個入行的方式都有別於一般對商務人士的既定印象；我們既沒唸過長春藤名校商學院，也沒跟在顛覆業界的大師手下實習。

然而，我們兩個在相識前已各自領悟，音樂背景是我們職涯順遂的關鍵。創意思維不只是經營事業的獨門訣竅，也不只是爵士即興技巧或練琴練到手指流血。我們開始交流想法後更堅定了這個信念：學音樂能養成一套經商所必需的思維和做事方法，尤其是在今天這個秩序瓦解又無從預測的亂世。

我們兩個促膝長談時也笑聲不斷，不論是年少輕狂玩樂團的往事，或是在阿布達比和上海教孩子發揮創作才能的經驗，我們都很有得聊。我們在教學、旅行、提供顧問服務的同時，欣然發現許多人跟我們心有戚戚焉，也覺得玩音樂有助創業，雖然他們或許不知該如何以言語解釋。

所以我們把這本書當作一場對話，參與其中包括我們、我們有幸訪問的創作和創業高手，還有身為讀者的你。也就是說，請注意：這不是一本經商之道的操作手冊，也不是一場「成功輕鬆七步驟」研討班，更不是「今天就試試這五十四招」的部落格貼文加長版。反之，這場對話仍在持續進行，我們希望由此啟發你，透過音樂思維反思你的事業、目標，基本上生活的任何面向都可以。你會讀到的內容有創意與合作、聆聽與開放、信任與恐懼，也會瞭解這些事為何關乎你在現今市場中的工作。不過最重要的是，你會看到，在這個不斷變動的世界，音樂思維為何可以作為觀察和應對世事的新架構，又為何是一種持續學習成長的方式，而且這種方式不只反映出玩音樂的開放性和可塑性，更能應用於截然不同的情境。我們後續討論到的各種思維不只有用，更有其必要，在世界上卻相當匱乏。我們的學校課程看重程式語言更勝音樂，職場也鼓勵演算法和邏輯分析。在今日的企業經營腳本中，人工智慧和大數據是當紅趨勢。我們肯定以上種種都很重要，但也看到一道道的鴻溝、一種迫切的需求，因為我們也需要富有想像力的思考來因應現代社會日益複雜的挑戰。這不是說非得在科學或藝術、數學或音樂之間二選一，這種二分法是假議題。我們的意思是要兩者並重。說到底，達文西之所以稱得上人類心智最偉大的代表，是因為他身兼科學家和藝術家，在兩門專業間遊走自如、相得益彰——這可不是巧合。只要學著聆聽、實驗、合作、做樣本、製作、連結、混搭、感受，並不斷重新發明，不論藝人或創業家，工作起來都能更得心應手，端出更好的成果。我們的世界已不全然由傳統實體商業來定義，而是有無限的可能。

還有件事：在你讀每一章的時候，我們想鼓勵你靜下來琢磨那些洞見、個人經驗和資訊，徹底學進心裡。所以我們在每章最後編了一段「間奏」，也就是一份歌單，裡面都是你在那一章剛讀到的音樂人的作品，不管你愛用哪一家串流播放服務，都很容易找得到這些歌。聽聽這些歌曲吧，這不只能幫你更瞭解那些創作人，也能讓腦袋休息一下、騰出一點空間消化剛讀過的東西。你會發現，就像我們在一段又一段的對話中呈現的，傑出藝人的巧思會變化重生，與你自己的想法混合——誰知道何時會迸出精采的火花呢？不過踏出第一步還是最重要的，而且就我們的經驗，一切全始於聆聽。

第一章

聆聽：音符間的空檔

蟄伏在沉默中的東西，往往是最強大的

——碧玉（Björk）

想像一下……

……在紅石露天劇場（Red Rocks Amphitheater），你跟一萬名觀眾站在一起。那是個位於丹佛市西邊山區、地形渾然天成的表演場地，兩側各有三座高九十公尺、有兩億年歷史的孤立砂岩，為許多樂團營造過絕佳音響效果。披頭四、吉米・罕醉克斯（Jimi Hendrix）、布魯斯・史普林斯汀（Bruce Springsteen）、U2合唱團都是例子。那是二〇一八年夏末的一個夜晚，你跟人群裡的每個人一樣，站在場中欣賞門票銷售一空的鳳凰之子（Illenium）音樂會。

鳳凰之子是電音舞曲創作人和DJ。他在臺上即時混音現場表演的片段，搭配一個含鋼琴、吉他和五組爵士鼓的樂團。舞臺布景的設計十分壯觀：樂手身後襯著不斷閃現錄像的巨幅螢幕，而在頻頻閃燈的燈光下，你混雜在眾人陰暗的身影中隨著樂聲起舞。空中不時爆出煙火，打亮你身邊一張張仰起的臉龐。正當鳳凰之子與歌壇巨星凱利德（Khalid）合作的暢銷歌曲〈沉默〉（Silence）唱到一半，舞臺螢幕驟然暗下，一對聚光燈打在一名吉他手身上，他不斷重複四小節簡單的旋律。吉他手身後的樂團收小音量，凱利德柔和流暢的歌聲躍居主角。樂曲如此走了一分多鐘，五名鼓手才重新開始演奏，敲著堪比軍隊進行曲的節奏，且愈來愈強、愈來愈快。你身邊的每個人都停下舞步：這下拍子很難跟，也不好跳舞了，現場能量從動感十足轉為蓄勢待發，張力漸增，營造期待感。

接下來，就在歌曲第兩分二十二秒處，音樂驟停。

只是暫停，連一秒都不到，營造出的戲劇性卻很驚人。等歌曲再度響起時，伴隨著強大的低音節奏，臺上每具樂器音量全開。你能感覺到音樂打進胸口，有如搭乘雲霄飛車俯衝而下，一股不可思議的洪流瞬間淹沒整座劇場，自峭壁彈進場外的沙漠夜色之中。

主打電音舞曲的夜店和音樂會常在「下節拍」（dropping the beat）之前來個靜音，然而這種手法很久以前就有了。一七〇〇年代晚期，古典作曲家約瑟夫．海頓（Josef Haydn）常把暫停寫進曲子裡，吊觀眾的胃口。他在別名為「玩笑」的第三十三號弦樂四重奏裡，就指示全團一名大提琴手、三名小提琴手中途停止演出。這不只是休止符，而是完全停止演奏，有時樂手甚至會把樂器擺到一旁。觀眾一開始鼓掌，樂手就恢復演奏：曲子還沒完呢。於是大家坐回座位。等音符再度減弱停止，觀眾再度鼓掌，但樂手不等他們拍完，又從剛才打住的地方繼續演奏。第三次暫停，也是最後一次，觀眾尷尬了，不確定如何是好。演奏廳一片沉默，好奇取代了聲響。

在音樂界，用沉默撩撥聽眾還有個更有名的例子：約翰．凱吉（John Cage）的〈四分三十三秒〉（4'33）。凱吉在一九四〇年代晚期寫下這首曲子，樂譜指示樂手走上舞臺，向觀眾一鞠躬，拉開鋼琴前的椅子坐下。然後他坐著不動。繼續坐著不動。在四分鐘又三十三秒期間，每個人都引頸以待，但他一個琴鍵也沒彈。從沒欣賞過這件作品的觀眾在座位上不安地扭動，但漸漸地，每個人都開始清楚察覺廳裡的環境音。節目表窸窣作響。包廂傳出一聲咳嗽。大廳有人踩著高跟鞋喀噠喀噠走過。外頭街上有輛車開過去。這些聲響一直都在，卻沒人留意。四分三十三秒終了時，鋼琴家起身再度一鞠躬，隨即下臺。

凱吉寫了一本名叫《寂靜》（*Silence*）的書，裡頭堅稱音樂既需要、也包含樂聲的缺席。他寫道：「從前，寂靜是聲音間的空檔，能有效達成諸多目的，例如高妙的編曲。當寂靜的存在不是為了任何一種目的，寂靜就搖身一變——那一點也不寂靜，而是聲音，環境中的聲音。」

當然，以上都是刻意逗弄聽眾的例子，可是你想想看：其實你聽過的每一首歌都利用了音符間的空檔。歌曲因為空檔有了節奏感和架構[1]；沒演奏出來的就跟演奏出來的一樣重要。我們之所以忽略了休止、停頓和間歇，或許是因為長久下來，我們已經習於期待熟悉的模式了——直到有

1　譯注：原文為「texture」，在音樂學上的專有譯法為「織體」。然而，這裡指涉的應不是織體，織體應該會涉及多重元素的交互作用，而非只有空檔而已，故譯為「架構」。

人打破套路、挑起我們的注意為止。

當你看到本章一開始是八大頁的空白時，有什麼反應？大概是快速翻過去，往後找你預期該出現的文字吧。畢竟我們從小就學會了：翻到下一頁，代表故事繼續說下去。不過你有沒有注意到，當你發現空白頁翻過去還是一頁空白，自己又有什麼反應？或許你的腦海閃過一些想法，像是：「哪來這麼多空白頁啊？」或是：「阿娘喂，印刷廠一定有人被炒魷魚了！」

只要有其用意，一本書為什麼不能有空白頁呢？我們在廣播上聽到的歌曲，絕大多數都是為了完全迎合我們的預期：精彩的前奏、容易哼唱的鉤引點（hook）[2]、重複的副歌。不過，有些音樂也會一反預期，把你從預設立場解放出來，帶給你美好的新發現。

身為音樂人，我們認為自己創業和當老闆時也能從這裡找到借鏡。音樂人知道如何能打破套路、彌補缺口、引人注意，而他們之所以能用音樂使人耳目一新，不只是因為練成了一手琴藝或好歌喉，也在於精進了聆聽的能力。

就跟所有音樂技巧一樣，聆聽也是熟能生巧。初學鋼琴的人得一個個數琴鍵才彈得到正確的音，不過職業鋼琴家蒙著眼睛也能全憑手感演奏。在這一章裡，我們要以幾個音樂人和創業家為例，看他們如何學會聆聽周遭的世界和內在的直覺，從而做出正確的決定。這兩種傾聽的技巧，都有賴人專注於當下，並且對意外發展保持開放。不論你是想發揮創造力、創辦一家靈活的公司，或領導一支團隊，音樂思維都能發揮宏效——只要你懂得尋找音符間的空檔。

聆聽缺口

一九九〇到二〇〇六年間，艾爾文最為人知的身分是新視鏡唱片（Interscope Records）的創辦人。此品牌代理的樂團風格非常多元，黑眼豆豆（Black Eyed Peas）、阿姆（Eminem）、林普．巴茲提特（Limp Bizkit），還有瑪莉蓮曼森樂團（Marilyn Manson）和U2合唱團，都在他們旗下。可到了二〇〇〇年代中期，艾爾文察覺音樂產業正快速演變。有個十九歲的駭客叫肖恩．范寧（Shawn Fanning），他與初出茅廬的創業家西恩．帕克（Sean Parker）聯手創立了線上音樂服務Napster。只要使用他們的軟體，任何人都能跟其他Napster用戶免費分享音樂。大家可以免費下載

2 譯注：音樂家或樂評，多還是以「hook」稱之，意為歌曲的賣點、記憶點，大家一想到那首歌會立刻開口唱出來的段落。

音樂，幾乎彈指就能下載完畢。我們與艾爾文聊到這種轉變，以及這如何促使他靈機一動，生出一個不只扭轉他的人生，也改變世人如何聽音樂的點子。

「二〇〇〇年代剛開始，Napster 問世了，我第一個念頭是：我瞭，唱片公司的麻煩來了。唱片業顯然得學學新把戲了。」

世道說變就變，所以艾爾文開始尋找新的生財之道。他曾與時尚品牌 DIESEL 合作，也埋頭鑽研各種串流管道，但最後是與老朋友德瑞博士（Dr. Dre）攜手，才發想出一個價值三十億美元的點子；德瑞是嘻哈樂壇的先驅，也是王牌製作人。

艾爾文說：「顯然，我們得跟藝人合作打天下。我們做的事情得跟得我們的顧客有關係，也得涉足流行文化其他領域。德瑞曾向我抱怨，他的小孩都用廉價小耳機在電腦上聽他的音樂，他覺得很討厭，因為他作品裡的每個聲音，都是他費了不知多少心血的成果。你說大家都在用的蘋果白色小耳機嗎？連賈伯斯自己都說那本來就不是聽音樂用的，只是開發 iPhone 時測試用的入耳式初階款。」

有一天，艾爾文在海灘上巧遇德瑞。德瑞很灰心，跟艾爾文說他厭倦了各家品牌要他為產品背書，想賣他的名氣。這也不是新鮮事了。多年來，各行各業的品牌爭相邀他合作，尤其是球鞋公司，不過他一概拒絕，因為他個人對那些產品完全無感。艾爾文說，那時他立刻告訴德瑞：你應該做喇叭而不是球鞋。做耳機嘛！要是他們能讓聽音樂的體驗變得跟音樂本身一樣酷呢？

在那年頭，這選擇看起來可能有點奇怪。一般人大多覺得耳機是平價日用品，連鎖大超市的貨架堆滿各種便宜耳機，賣手機或ＭＰ３隨身聽的公司也會免費附贈。不過艾爾文直覺認為，在藝人與聽眾之間，在藝人的創作觸及聽眾的耳朵那一瞬間，可以產生一種親密而真誠、真實而直接的連結，可惜大多數的耳機都糟蹋了這個體驗。

他對我們說：「要是我們做出一種產品，把藝人的用意和理念確實送進年輕人的耳朵裡，那種感覺一定跟廉價小耳機不一樣。他們搞不懂自己怎麼會感動到不行啦，因為他們從沒真正用過高級耳機。」

於是艾爾文和德瑞首先邀了一群博士（Bose）公司的人到新視鏡洽談合作事宜。博士是當時音響發燒友一致公認的逸品，所謂發燒友是會砸幾千美元買降噪耳機、頂級音響和配件的那種人。

不過博士的工程師去參觀新視鏡時，有件事情馬上很明顯：他們從沒進過錄音室。博士一直以來都遵循數學和物理定律，在電腦上設計微調音響，而且是以古典音樂為聲音標準。博士耳機的降噪能力和音質表現令人讚嘆，但用來聽流行音樂就差強人意了，因為流行音樂的聲音層次分明，節奏又強勁。

小心哦，接下來寫的會有點宅。工程師設計耳機的時候，心裡都惦記著「聲音舞臺[3]」(sound stage)——這個術語指的是人與音源間的虛擬距離。回想一下，你上回去聽演唱會時，在人群中站在距舞臺十幾、二十公尺遠的地方，聽到怎樣的聲音？除了樂團，你也聽見身邊其他人、你雙耳間的距離，還有麥克風的聲音。現在再想像你往舞臺靠近，距歌手只有幾步之遙。這種距離造成的音響差別就叫作聲音舞臺。現代的錄音技術能為聽眾營造出非常貼近音源的效果，有時簡直就像跟樂團一起站在舞臺上，而不是把全場雜七雜八的聲音盡收耳裡。

就艾爾文和德瑞看來，流行藝人想呈現的聆聽效果，遇上大多數的耳機都白費了，現代音樂典型的重低音節奏也是。因為他們都在錄音室待了一輩子，於是想據自身經驗做出一種耳機，向那些希望自己的音樂真正被聽見的藝人致敬。音響的數學原理固然重要，就像人口統計、市場滲透率和比價這些市場分析也很重要，不過人本體驗還是最優先的核心。到頭來，我們播放心愛的歌曲時，不是為了針對音質追求柏拉圖式的理想，而是為了聽見藝人的初衷。說到這一點，有誰比經年累月待在錄音室、幫藝人打造出獨特聲音的製作人更懂？

德瑞雷和艾爾文的耳機最終以「Beats」之名問世。除了艾爾文、勒布朗・詹姆士（LeBron James）和U2合唱團主唱波諾（Bono），投資財務顧問保羅・瓦科特（Paul Wachter）也為催生這個品牌出了一份力。我們訪問瓦科特的時候，他聊到過去旁觀艾爾文和Beats員工測試耳機原型的往事。

瓦科特說：「他們測試原型的時候各自選了一首歌，用每一副耳機一聽再聽。艾爾文聽的是他親自為湯姆・佩蒂（Tom Petty）製作的一首歌。德瑞聽的是他為饒舌歌手五角（50 Cent）製作的〈人在俱樂部〉（In Da Club）。他們聽遍每個原型、每個版本，用的都是那兩首，因為他們太懂這些歌聽起來該是什麼樣子了，畢竟這是他們製作、規畫、在錄音室聽過又與藝人討論過的歌。」

3 編注：聲音舞臺常與音場（sound field，或稱聲場）作比較，然而聲音舞臺是針對聲音的高低與深淺做安排，音場則是聲音充斥在空間裡所產生的自然體驗。

我們拿這件事問艾爾文，他聽了笑嘻嘻地說：「的確是那樣。我知道佩蒂的錄音聽起來應該是怎樣，那是我做的嘛。那是由我混音、我從頭到尾摸透透的歌。更重要的是，我知道這首歌該有什麼感覺。Beats 推出第一代時，我們接到的抱怨主要是這些耳機未達音響發燒友等級：它們不是在實驗室裡為音質精準調控出來的產品。不過這不是我們的重點。我還記得，我帶九吋釘樂團（Nine Inch Nails）的崔特・雷澤諾（Trent Reznor）和非凡人物樂團（The Smashing Pumpkins）的製作人去新視鏡，讓他們試用 Beats 初代耳機。這些都是節奏強勁的樂團，所以當我們看到他們聽著聽著開始點頭，就知道自己做對了什麼。我們追求錄音室成品的靈魂和感覺。其實聽眾，像是這些藝人，才不在乎什麼發燒友音質咧，感覺對了最重要。」

艾爾文和德瑞開發的第一代耳機「德瑞款 Beats」在二〇〇八年上世。市面上從未有過這種結合科技與文化的產品，既能享受重低音，又有眾人求之不得的時髦造型。幾個月後，艾爾文送了一副 Beats 給勒布朗，勒布朗又送給二〇〇八年美國奧運籃球隊的隊友一人一副。這是行銷的神來之筆：全美國最知名的籃球隊在北京下飛機時，全戴著新品牌的耳機——不只提供嶄新的聲音體驗，也帶來一種音樂文化。英國網球選手羅拉・羅布森（Laura Robson）在推特上發文，說她收到一副英國國旗版的 Beats 耳機。沒人付錢要這些運動員為 Beats 背書；不必花錢收買，他們就擁抱了這款產品。這股風潮就這麼推動 Beats 竄紅。

六年後，蘋果以二十六億美元收購 Beats 公司。Beats 耳機的音質在後續年間更加提升，還影響了蘋果自己的 AirPod 耳機的設計工法。我們聽艾爾文談這些往事，從中可見他的能力功不可沒：除了聆聽趨勢和市場缺口的能力，還有將聲音和文化、藝人的意念和聽眾（歌曲感覺和聆聽體驗）串連起來的能力。

「有次，蘋果有個工程師問我『感覺』是什麼意思。感覺就是一切，你生命裡全部的東西。你看畫的時候會有一些感覺。你穿越一間藝廊或許會看到十幅畫，卻只有一幅打動了你。你聽到一首絕妙好歌也一樣：你感覺到了什麼，又在心裡加以解讀。感覺只要對了就是對了。」

他告訴我們：「要記得的是，我當初也不知道 Beats 會成功。我們想到一個很棒的點子，也知道它有發展潛力的原因。年輕人聽音樂用的耳機，聲音都好可怕，又醜得像醫療器材。我們感興趣的是音樂的力量、文化的力量。把這兩者結合再讓它變得很性感，我們就能跨越門檻、創造需求了。我們請籃網隊前鋒凱文．賈奈特（Kevin Garnett）來拍廣告，結果有個行銷人員說我們該找個更大牌、更家喻戶曉的人才對。可是我否決了，凱文以他的生猛和真性情著稱。凱文就是Beats；他那種態度就是Beats該有的態度。所以當他走進對手的主場，觀眾都在對他罵髒話、丟東西，他卻戴上Beats耳機說：聽你想聽的。這種畫面一打出來，肯定得人心。」

Beats讓人用三十億美元收購，艾爾文和德瑞簡直像中了樂透。不過這個品牌真正的價值，來自他們堅持將音樂體驗擺在第一位，追根究底，又是因為他們用心聆聽音樂人和粉絲的渴望。值得注意的是，他們並未做市調或統計，而是注意哪裡沒聲音、沒人做，以及市場哪裡有缺口。他們的故事讓我們想到爵士小號大師邁爾士・戴維斯（Miles Davis）常對合作樂手說的：「不要演奏已經有的東西，要演奏還沒有的東西。」身為教育者和創新者，我們一再看到這種衝勁的好處。磨練自己的直覺，學著感覺市場缺口何在，是有可能的。

找到起點

戴斯蒙・柴爾德（Desmond Child）是入選「詞曲創作名人堂」（Songwriters Hall of Fame）的神人，寫了超過兩千首歌。他的暢銷金曲包括邦喬飛（Bon Jovi）的〈靠禱告打拼〉（Living on a Prayer）、

〈你壞了愛情的名聲〉（You Give Love a Bad Name），瑞奇・馬汀（Ricky Martin）的〈瘋狂人生〉（La Vida Loca），芭芭拉・史翠珊（Barbra Streisand）的〈自由女神〉（Lady Liberty），還有西斯克（Sisqó）的〈丁字褲頌〉（Thong Song）。史密斯飛船（Aerosmith）、雪兒（Cher）、凱蒂・佩芮（Katy Perry）、凱莉・克萊森（Kelly Clarkson）、Kiss 合唱團、麥可・波頓（Michael Bolton）等人都曾與他合作。柴爾德怎能如此多產，又與橫跨各類型和世代的眾多藝人合作都大獲成功？

我們初次與柴爾德約見面時不禁想，他會不會很強勢又令人生畏，也知道自己有名有勢，就是名人中的名人那種角色。結果我們欣喜地發現他既溫暖又有魅力，是那種一跟他聊就停不下來的朋友。這裡很快舉個例子說明他是怎樣的人：我們第一次跟他訪談時，帕諾斯隨口提到自己在賽普勒斯出生長大。所以你可以想像，幾個月過後，柴爾德竟邀請帕諾斯去他在紐約的家，介紹他認識一對賽普勒斯夫婦和一位賽普勒斯出生的廚師，我們有多麼驚訝了。柴爾德還請那位廚師做了哈魯米乳酪、希臘沙拉、希臘烤海鱸，一桌子的傳統賽普勒斯菜。這已經超出做人周到的程度。柴爾德就是這種人。

那頓晚餐吃了好幾個小時，飯後我們跟柴爾德聊他是怎麼學會寫暢銷金曲的。他說，他還在襁褓中就開始學音樂了，他母親（已故Elena Casals，是知名的古巴波麗露歌謠的創作者）彈鋼琴時，就把他放在一旁的嬰兒床上。

柴爾德告訴我們：「她是詩人，開心就寫首開心的歌，傷心就寫首傷心的歌。她的音樂是她日常生活的快照。」

他母親總是將人生悲歡離合的片刻化為詞曲，也啟發柴爾德步入樂壇，組成了戴斯蒙・柴爾德與胭脂樂團（Desmond Child & Rouge）。這個走節奏藍調風的流行樂團頗獲好評，創作也被選為電影配樂。他們有首歌在《告示牌》雜誌（*Billboard*）排行榜爬到第五十一名，卻賣得不好。於是柴爾德打算轉型做詞曲創作，並找上巴布・克魯（Bob Crewe）合作，也就是曾為四季合唱團（Four Seasons）、鮑比・達林（Bobby Darin）、佩蒂・拉貝爾（Patti LaBelle）、巴瑞・曼尼洛（Barry Manilow）寫歌的傳奇詞曲作家。

他說：「有兩年時間，我跟巴布會去他錄音室對街的一家小餐廳吃午飯，我星期一到五的中午都跟他碰面，他會跟我講古，說好萊塢的往事。然後我們去他的錄音室——一間空空蕩蕩、牆上啥都沒有的公寓，裡面只有一架平台鋼琴，還有一把椅子讓他坐。」

柴爾德說他在那間空屋裡坐到鋼琴前，巴布就拉把椅子坐他旁邊，兩人手裡都拿一本筆記簿。根據巴布的創作方法，他們要找的不是旋律或歌詞，而是歌名。

「除非找到一個絕妙的歌名，否則巴布不會開始寫歌。我們會輪流拋出點子，直到……賓果！——就是這個。他覺得，歌名應該用幾個字就濃縮整首歌的精華和故事，寫詞是在找一條回歸精華的路。」

柴爾德認為，巴布與他母親的創作心法恰相印證：藉由聆聽找到切入歌曲的正確方向，耐住性子創作，直到你能把一種人性經驗用少少幾個字、短短一句妙語就總結。後來柴爾德因緣際會與紐澤西搖滾歌手瓊・邦喬飛（Jon Bon Jovi）合作，從前跟巴布一起發想的點子就改變他的人生。邦喬飛樂團的吉他手瑞奇・山伯拉（Richie Sambora）邀柴爾德去他兒時老家，那棟小木屋緊鄰一片渾濁的沼澤，舉目能望見遠方一座煉油廠——好一個典型美式樂團成員的典型童年背景。邦喬飛、山伯拉和柴爾德在屋裡的地下室碰頭，山伯拉已經架好鍵盤，在麗光板桌上擺了個猛爆雜音的破爛音箱。

「我回想從前跟巴布一起創作的日子，於是早已想到一個歌名，寫起來放進後口袋赴約：〈你壞了愛情的名聲〉（You Give Love a Bad Name）。我一把歌名說出來，瓊馬上大喜過望，那是我第一次親眼看到他迷倒眾生的笑容。原來他正在寫一首歌，當下他脫口而出：『我被一箭穿心，要怪的就是你，因為我的愛人……』[4]」

「然後我們三個異口同聲：『你壞了愛情的名聲』。」

哪個癡心少男少女沒為了失戀這樣心痛過？柴爾德彷彿聽見了他們沒說出口的怨嘆，用流行詩詞呈現，又在後續多年間不斷啟發其他創作人。〈你壞了愛情的名聲〉登上告示牌百大熱門榜榜首，後來波蘭女歌手曼達莉娜（Mandaryna）拿去翻唱，也躍居該國暢銷榜冠軍。多年後，《美國偶像》（*American Idol*）真人秀有個參賽者唱了這首歌，又讓它再度走紅。

聆聽你自己

從個人經驗取材，再精鍊為寥寥數字——柴爾德的做法只是發揮創造力的起手式之一。對許多詞曲作者和創作人來說，不知從何起頭有時可能很令人卻步，創業的人也一樣。白白一張紙攤在眼前，不知為何就是嚇人；各種想法好像烘衣機裡的襪子，也在你腦袋裡打轉，你卻不太知道該怎麼抓出對的那一個，有個眉目能讓你循線做下去的那一個。柴爾德的起手式是側耳聆聽理想的歌名，其他人則是尋找強烈的情感經驗，想抓住自己的感覺再投射給聽眾。至於冰島歌手與作曲人碧玉，她創作的起點是讓自己浸淫在大自然之中。

碧玉在冰島的雷克雅維克出生長大，她堅信創作就是傾聽周遭的自然世界，再把聽到的東西化為藝術詮釋。跟柴爾德一樣，她很小就開始學創作。她說即使是小時候，不論是在林間漫步，或是在校車上唱給同學聽，唱歌就是她與周遭環境互動的方式。這樣的互動並不抽象，而是有具體的細節。她受訪時曾提到，在雷克雅維克沿著碼頭散步，一邊側耳傾聽港口發出的聲響：潮水拍岸、海鷗在頭頂呼喊、航行船隻的號角。對碧玉來說，這些不只是背景雜音，這就是音樂。她的〈漫遊成痴〉（Wanderlust）開頭就是這些聲音，乍聽亂無章法，後來卻和諧地交匯成一體，成為撐起旋律的節奏。碧玉從日常背景音擷取掠過耳際的聲音（更正確的說法或許是她用心聽到的聲音），精心安排成一首扣人心弦的好歌，訴說歸屬感的意義。

4　譯注：此為〈你壞了愛情的名聲〉的部分歌詞

碧玉成為冰島有史以來最知名的藝人，出道後發表的歌曲可謂離經叛道又空靈，美妙獨特，在國際間也廣受歡迎。不論音樂、時尚、音樂錄影帶，或是演出拉斯馮提爾（Lars von Trier）的電影《在黑暗中漫舞》（*Dancer in the Dark*），她說她的創作過程是一種對情感協調的追尋。

碧玉曾說：「我從小就開始寫旋律了，像是在上下學的路上。一直以來，這就是我應對世界的方式。這就像我潛意識的另一個功能，不論我當下處於什麼狀況，旋律就像螢幕保護程式，同時在腦海中一直跑……快樂或傷心，悠閒或匆忙，旋律總在我意識底下流動。」

長此以往，碧玉把聆聽習慣練成一種反射。聽她說得容易，但就像學樂器得經年累月練習，聆聽也得長時間投入才會輕而易舉。她總是張開收音天線，像衛星小耳朵捕捉遙遠星系傳來的電波，區別訊號與雜音。她曾受邀上播客節目《金曲大解密》（*Song Exploder*），公開分享她如何透過另一首暢銷歌曲〈粹石人〉（Stonemilker）連結她聽見的訊號，並說那就像透過音波探索情感。

她說：「我在海灘上走來走去，那首歌的歌詞就這麼不經編輯冒出腦海，（然後我想）這麼清晰的時刻實在難得，最好趕快記下來。這張專輯的力量在於簡單、想什麼說什麼、充滿感覺，我也不該做得太精巧，否則就違反那種特質了。整首歌都在表達對清楚的渴望、對簡單的渴望，訴說的對象是那種愛把事情搞得超複雜又模糊不清的人。接著你會說：『好，我找到我要的清晰了，不管你要還是不要。』」

想辨認出不存在的東西，或至少是通常不存在的東西，這需要練習。或許同樣重要的是，你也得刻意要求自己留心辨認。就碧玉的例子來說，所謂的「不存在」是一個清明的時刻，與她歌曲的本意恰相符合。那種一拍即合的感覺就是訊號。

在英國流行音樂雜誌《Q》二〇〇七年推出的「詞曲創作人專刊」裡，碧玉更進一步剖析她如何辨別、探索和表達情感連結。

「我都是立刻在腦海裡把旋律唱出來。它們一直在那裡繞啊繞的。說到旋律的力量，我應該算是那種觀點很保守、很浪漫的人。我初次聽見一段旋律，會盡量先不錄下來。要是等我忘記一陣子，它又跳出腦海，我就知道它夠好。我把編選的工作交給潛意識去做。」

至於填詞，她是這麼說的：

「我花很大力氣寫歌詞。我們在日常生活或對話中無法表達的東西，透過文字和詩詞卻可以，我想這其中是有原因的。總有幾次你能設法把文字梳理成對的順序，營造出字裡行間流動的這種張力、這種能量，而且，蟄伏在沉默中的東西，往往是最強大的。」

讀到這裡你或許納悶，一個冰島後龐克鬼才尋找與周遭世界的情感連結，這跟創業有什麼關係？除非你打算寫出一首深奧難懂、探討人類存在意義的國際暢銷金曲，否則，她的經驗要怎麼應用到商業世界？

且容我們道來。音樂人都知道，聆聽世界、向外汲取點子和靈感，這只是創新的起頭。除此之外，你也得聆聽自己，向內尋找個人理念和價值觀與外在世界的共鳴之處。就碧玉的例子，後來她協助冰島度過嚴重經濟衰退的難關，她個人創作心法的威力也因此有了新的意義。

二〇〇八年的全球金融危機從冰島開始爆發。這個三十萬人口的國家只有三家民間銀行，由於政府政策鼓勵國民大舉借貸，所以金融危機爆發前，每家冰島銀行都賺得缽滿盆滿。因為開高額信貸帳戶很容易，一批新富菁英在冰島崛起：房市大漲，僅一年內股市價格就漲了百分之九百。冰島的人均財富在三年間增為三倍。不過一等金融泡沫破裂，三家銀行全無力履行債務，投資公司關門大吉，超過四分之一的冰島國民繳不出房貸。

碧玉自覺有責任出一份力照顧同胞，於是與一個叫奧度資本（Audur Capital）的風險投資公司合作。海拉・湯瑪斯多蒂（Halla Tomasdottir）和克麗絲汀・佩特斯多蒂（Kristin Petursdottir）是奧度的創辦人，早先就以投資環境永續計畫和女性企業家聞名，不過她們設立的「碧玉」創投基金又更進一步追隨碧玉的帶領，用心聆聽與個人價值觀一致的情感連結。為這筆基金考慮投資選項時，兩位奧度創辦人說，她們對一家公司的個人感覺就跟該公司的歷史數據、市場缺口分析和前景預測一樣重要。

二〇〇九年，她們接受英國國家廣播公司（ＢＢＣ）訪問時說：「為了釋出投資的價值，我們不只樂意運用理性思考，也會運用我們的情商。運用感情的部分，其實還比較高難度呢。我們藉由情感盡職調查（emotional due diligence）[5]否決的投資機會，遠多於沒通過財務盡職調查的那些。」

大家在這邊先想想，你聽過「情感盡職調查」這個詞嗎？我們兩個是從沒聽過，也因此停下來思索一番：這玩意兒是為了什麼？說到底，我們做投資的時候，真正投資的對象其實是人，因

5 譯注：盡職調查是在投資、併購案中常見的流程，以調查待投資對象是否值得投資、有無潛在風險。

為領導人會左右公司的願景、文化和行事能力。

我們透過電話訪問創投家張天民（Tim Chang），請教他對情感盡職調查這概念有何想法。張天民本來也是音樂人。他從小練古典鋼琴，中學卻加入搖滾樂團。自從他登台表演范海倫樂團（Van Halen）的〈爆發〉（Eruption），他就覺得自己比較像搖滾歌星，沒那麼書呆子氣了。突然間，同學不只是朋友，也成了他的粉絲。他順著感覺走，整個大學期間都在玩音樂，後來與索尼（Sony）簽下一紙唱片合約，展開巡迴演出。

不過他很快覺悟，索尼跟他簽的合約並不符合他的個人價值（音樂人辛苦揮汗，錢都落入唱片公司的口袋），於是他離開樂壇，改投身金融世界。如今，張天民是矽谷投資巨擘梅菲爾德公司（Mayfield）的合夥人，兩度獲得「富比世最佳創投人榜」（Forbes Midas List）[6]選為傑出科技投資人。他之所以會跳下巡迴演出巴士，成為科技界投資巨星，有賴他誠實反思自己是一個怎樣的人，又想將時間精力投入打造什麼成果。

「從前還是樂手時，當我剛開始玩樂團，得設法擺脫過去的古典音樂訓練，還要想清楚：我有怎樣的聲音？我想表達什麼？我是什麼風格？我試過很多不同類型的音樂，從中選出跟我有共鳴的元素。我說這是在編我個人的自選集。那應該是藝人最重要的工作：用心打造你自己的聲音。」

後來他改投身金融業，也遵循類似的途徑。

「剛入行時，我想弄出一套公式來判斷該不該投資某家公司。我想要一套能有效試誤（heuristic）的公式、一套評分標準，於是動手檢視不計其數的案例，從中收集資料點並尋找模式。」

雖然張天民會做嚴謹的分析，後來卻也很仰賴情感盡職調查。創業家來找梅菲爾德時，一個絕妙主意是讓你進得了大門，但要敲定合作，這還遠遠不夠。張天民也會檢視歷史資料，從對方過去的個人或專業成就尋找蛛絲馬跡，看看這個人有沒有膽量、進取心和自覺。

他告訴我們：「對我來說最有價值的地方，對別人來說未必如此。你可能對打破常規的人很感興趣，也可能興趣缺缺。不過，瞭解自己看重什麼是很重要的。各人看重的點一定南轅北轍，就像我愛上的人跟你愛上的人不會一樣。瞭解自己、瞭解別人，都是很深的學問。」

---

6 譯注：此命名典故，應來自希臘神話中的「邁達斯王」（King Midas），他具有點石成金的能力。

有鑑於他本人那麼積極追求自覺，他會專注聆聽別人是否也有此特質，也就不意外了。有種常見的想法認為，創業者對滿屋投資金主推銷點子的時候，應該不露個人情感也不能卸下心防，切忌暴露創業計畫的弱點。對張天民來說，這種表現反倒是警訊，以至於他常請提案人聊聊職涯遇過最大的挑戰，或是工作場合以外的挑戰也可以。

「他們的反應透露的跡象可多了。有些人可能變得很防衛，或是開誠布公又展現脆弱，或是搞不懂你是什麼意思；這些都很能見微知著。我想投資的，是真正克服過挑戰的人。」

透過情感盡職調查，張天民在找的是跟他價值觀相近的人。他笑嘻嘻地告訴我們，有時他不禁想像每個人體內都有一具製造能量的小引擎，依不同的頻率震動。

「雖然很幽微，但每個人隨時都在散發那種能量，你跟自己和自身能量愈合拍，就愈擅長解讀別人和別人的能量，甚至還能跟人建立連結。」

對碧玉、奧度資本和張天民來說，他們的投資組合奠基於另一套思維，以感覺為準的思維。他們聆聽自己的直覺，視其為可靠的指引。菲董也是，不過他把聆聽並信賴個人心聲的概念更進一步解釋：

「每個人對自己難免都有一定的懷疑，但大致而言，想當藝人得有適當的自我感覺良好。你得相信自己值得，相信自己是獨特的、有與眾不同之處。你可以懷疑，不過疑心會害你未戰先降。前幾天我跟一個藝人在一起，他有個超棒的點子，但他竟然一直對自己說那不值得做，我實在太驚訝了。你不會想變成那種人的。你非得有適當的自我感覺良好不可。」

放下小我

說到這裡，你或許會覺得我們在主張，藝人和創業家應該信任自己洞見契機的能力，並以符合個人理念的方式採取行動——換言之，完全不犯錯是有可能的。可是，我們都有犯錯的時候。你怎麼知道何時該轉換方向呢？還是一樣：訣竅是保持開放、持續聆聽。

創業的人都很熟悉軸轉（pivot）[7]的概念，正如同電音舞曲藝人一定懂重低音高潮。作曲家

7　編注：所謂軸轉，是指組織針對核心產品的企劃路線進行修改，並對其產品、策略、成長引擎（engine of growth）等建構全新假設，以利其時刻具備發展潛力。

暨社會企業家麥克・卡西迪（Mike Cassidy）對軸轉就不陌生。卡西迪先後自伯克利音樂學院和哈佛商學院畢業，與人共同創立過四家網路公司，後來在谷歌擔任產品管理主管，主持谷歌 X 實驗室的熱氣球網路計畫（Project Loon），計畫目的是把巨型熱氣球放飛到離地十八公里的高空，將長期演進技術（LTE）無線網路帶給災區、弱勢民眾，或其他沒有網路的地方。不過他不安於現狀，後來離開谷歌再度展開創業冒險，創立了阿波羅融合（Apollo Fusion）核能公司。

他告訴我們：「在我開的前五家新創公司裡，有四家最初的點子都失敗了，我們不得不改變方向。我在年紀二十出頭時，發現自己會在做決定以後花很多時間反思，老是自問該不該回心轉意。有次我思忖片刻，發現我的思考過程有一半都耗在重想做過的決定。於是我下定決心，一旦作了決定絕不回頭多想。」

他在創業之後也比照辦理。公司團隊看過一切可得資料，擬出計畫，就一起全力讓專案付諸實現。可是過了一段預先講好的時間，他們會再度審視資料。要是進展不佳，他們就會做出改變。

一九九四年，網路購物還沒興起，卡西迪創立了撥魚公司（Dial-a-Fish），志在改變世人購買日常用品的方式。在工作過程中，公司團隊發現市面上的電腦通話工具不符所需，便著手打造他們心目中理想的工具。結果他們發現別的公司也有類似需求，於是卡西迪帶領公司軸轉，針對微軟系統開發全世界第一套電話軟體，並把公司重新命名為唱針新創（Stylus Innovation）。不到六個月，他們就成為市場領導品牌，兩年後獲人以一千三百萬美元併購，是創辦人共同投入資金的一萬倍。

後來他又創辦終極擂臺公司（Ultimate Arena），相同作法依然有效。那是個遊戲平台，讓用戶上網打遊戲並贏取真正的獎金。不過市場反應冷淡，於是卡西迪的團隊問顧客：為什麼不繼續用他們的平台了？很多人回答，他們註冊是因為終極擂臺有共同伺服器，跟朋友上網打遊戲很方便。於是這家公司用「Xfire」的名稱重新出發，改造成遊戲玩家的即時通訊軟體，後來在二〇〇六年由維亞康姆（Viacom）[8]以一億兩百萬美元收購。

創業的生猛案例何其多，我們很容易忘了卡西迪的故事有多麼難得。我們都能想像自己是下一個馬克．祖克伯（Mark Zuckerberg）或卡西迪，失敗不過是邁向成功的墊腳石，包裝成「軸轉」再出發就得了。不過卡西迪向我們坦言，這樣的經驗有時是多麼艱難又教人抬不起頭來。投資人

8　譯注：美國傳媒娛樂巨頭，全球第四大傳媒集團。

原本出手支持一門生意，現在卻得被迫為另一個點子重新振作，公司團隊也是。然而，假使軸轉的決定是出於聆聽契機、重新找到共同目標，就有可能成功。

我們與張天民和卡西迪的對話，都隱含一個重要教訓：放下小我實在太重要了。打開你的心胸，小心警覺，時時側耳傾聽。

二〇一七年五月在波士頓的藝術科學咖啡館（Café ArtScience），我們邀請幾位科技業執行長齊聚一堂，聊聊音樂和創業的交叉點。這場聚會就讓大家現場見證聆聽的作用。主辦單位矽谷銀行（Silicon Valley Bank）經常為他們投資的公司辦活動，鼓勵那些公司的領導人成長進步。當矽谷銀行邀請我們就音樂思維和企業經營分享想法，因為我們認為聆聽很重要，聽眾又是剛創業的新秀，便覺得這是與年輕人一起測試這個論點的大好機會。

與會者抵達咖啡館後走進一個廳室，裡面的沙發和椅子大致圍成一圈，中央擺著一把低音提琴、一具小鼓和一把薩克斯風。當晚聚會一開始，我們先做了一段簡介，跟我們做過的很多始業演講很像：帶大家回顧音樂產業出現過的顛覆性力量，並舉史奇雷克斯（Skrillex）、大衛・鮑伊（David Bowie）等人為例，表揚這些百折不撓的音樂人是如何度過這些難關，又怎麼憑藉藝人的創作思維，一再適應環境變遷。

活動進行半小時後，帕諾斯請三個人來到會場中央。那是三個身穿西裝外套又打領帶的年輕男生，之前都安安靜靜站在後面，待在與會人群的邊緣。三人都是本地大學音樂系的學生，在此之前並不相識。新的火花即將迸發。

帕諾斯告訴大家，說到聆聽這回事，音樂思維的好處多說無益，不如一起透過接下來的體驗活動親自見證。三名學生短暫討論後便信手拿起樂器，開始演奏以賈克・普維（Jacques Prévert）的詩作入詞、約瑟・寇司馬（Joseph Kosma）譜曲的爵士標準名曲〈秋葉〉（Autumn Leaves），英文版由強尼・默瑟（Johnny Mercer）填詞。一九五五年，鋼琴家羅傑・威廉士（Roger Williams）將這首歌改編成演奏版，登上美國告示牌排行榜冠軍。不出幾分鐘，三名學生的合奏之流暢，簡直像一起排練過好幾星期了。沒人看得出來他們在今晚之前素未謀面。

但同理可證：他們是樂手，受過扎實的基本訓練，熟知互相聆聽、互相搭配的道理。帕諾斯又邀請一位執行長來到會場前，那裡已經準備好一架鍵盤。珍奈・柯曼諾斯（Janet Comenos）是點點跳動媒體（Spotted Media）的執行長，那是一家數據分析公司，協助品牌和經紀公司做更明智的名人行銷決策。珍奈自己也是歌手與詞曲創作人，在帕諾斯的請求之下，她在鍵盤上彈起一首三名樂手從未聽過的原創歌曲。

接下來發生的事震懾全場。起初珍奈特有點猶豫，不過一名學生對她說：「沒關係，出錯也不要停，我們會跟進來。」珍奈剛開始自彈自唱時，三名樂手靜靜站在一旁聆聽。過了大約二十秒，鼓手敲起相應的節奏。十秒後，薩克斯風手吹出第一個音符。三個人全跟上珍奈的領唱，成為一組天衣無縫的四重奏：低音提琴和小鼓成為歌曲的基礎節奏，薩克斯風呼應著她的旋律。這些樂手此前素未謀面，卻因為用心聆聽，不只為她助陣，更把她的歌曲提升到全新的高度。

這場演出蘊含的道理至此表露無遺。會後我們跟那群執行長共進晚餐，他們提到從沒想過音樂會跟自己的工作有關聯。工作歸工作，音樂只是消遣。但現在，音樂似乎不只是消遣——這是一扇大門，領他們通往瞭解自己和公司的新天地；在今天以前，這片天地徒具陪襯功能。聆聽不是「有也不錯」的小技巧，而是關鍵能力。經過練習，聆聽能應用於創業的每個階段，幫你找到商機，與人合作，和目標受眾建立連結。傾聽、注意、感覺。為沉默所蘊含的可能性做好準備。然後，動手做實驗吧。

推薦曲目

間奏一

我們在歌單前面排了好幾首柴爾德寫的歌，壓軸的是義大利作曲家兼豎琴家芙羅拉雷達・薩奇（Floraleda Sacchi）演繹的〈四分三十三秒〉。你能感覺到薩奇靜靜坐在豎琴旁邊時，聽眾是怎樣滿心期待又遲疑。現在你知道柴爾德怎麼寫歌了，這些歌名訴說的故事符合你的預期嗎？

歌單

〈快樂〉（Happy）／菲董

〈沉默〉（Silence）（鳳凰之子混音版）／棉花糖（Marshmello），凱利德友情客串

〈表達你自己〉（Express Yourself）／N.W.A.

〈瘋狂人生〉（La Vida Loca）／瑞奇・馬汀

〈一塌胡塗〉（Trainwrecks）／威瑟合唱團（Weezer）

〈你壞了愛情的名聲〉（You Give Love a Bad Name）／邦喬飛樂團

〈恨我自己愛你〉（I Hate Myself for Loving You）／瓊・傑特（Joan Jett）

〈在賭城醒來〉（Waking Up in Vegas）／凱蒂・佩芮

〈人類行為〉（Human Behavior）／碧玉

〈享受沉默〉（Enjoy the Silence）／流行尖端（Depeche Mode）

〈四分三十三秒〉／約翰・凱吉作曲，芙羅拉雷達・薩奇演奏

深度聆聽：請聽英國歌手ＰＪ哈維（PJ Harvey）備受爭議的專輯《地下希望工程》（*Hope Six Demolition Project*），專輯裡的歌詞都來自哈維走訪科索沃、喀布爾、華盛頓特區時，對當地現況的觀察筆記與受訪者發言。接下來可以聽聽看 Matmos 的《終極關懷二》（*Ultimate Care II*），裡面用到的聲音全錄自一臺惠而浦洗衣機。

第二章

實驗：勇於耍蠢

在錄音室裡，我的規矩只有一條：勇於耍蠢。
——大賈斯汀

前一章提到的矽谷銀行活動，我們一開始其實問了個問題：「身為公司的執行長，你們比較喜歡雇用玩運動還是玩音樂的人？」每次我們在工作坊拋出這個問題，公司主管大多回答，他們比較看好有運動背景的求職者。

我們當然不討厭運動員！麥克高中打過籃球，帕諾斯曾經從軍（現在依然每日清晨四點就起床健身）。不過這個問題設定的兩個對比很有趣：一般向來認為，一個人要是運動成績亮眼，代表他具備領導能力和團隊精神，還有恆毅力、求勝意志、願意苦練到熟極而流……等特質。反觀音樂家，一般往往認為他們我行我素又缺乏紀律，還會瞧不起商業公司呢。是沒錯，不論爵士、搖滾、鄉村或嘻哈樂界，都有很多縱慾、叛逆和用藥成癮的事蹟，可是翻開大學校隊和職業體壇的紀錄，這些行為難道比較少嗎？這兩個領域都要面對不少成見。

我們要強調，在每一樁搖滾歌手荒淫無度的事蹟、每一間慘遭破壞的旅館客房或用藥過量的醜聞之外，還有無數充滿熱情創意又認真打拼的音樂家。戴夫．葛羅（Dave Grohl）曾是超脫合唱團（Nirvana）三名成員之一，也因此成為明星樂手。很多人認為超脫合唱團最能代表什麼叫荒淫無度，原因之一是他們的主唱寇特．柯本（Kurt Cobain）深陷毒癮又自殺身亡。不過葛羅是出了名的認真工作，演出總是準時到場，把每筆收入都當成最後一筆珍惜使用。有一次在義大利小鎮切塞納（Cesena），一千名義大利歌迷聚在一起大合唱他的〈學飛〉（Learn to Fly），影片上網後在全球爆紅。葛羅是拿過十五座葛萊美獎的大明星，不過他親自錄影回覆，用破破的義大利文向那些鄉親保證，他的幽浮一族樂團（Foo Fighters）一定會到當地演出，後來也真的去做了一場連唱二十七首歌的馬拉松演唱會。又有一次，他在瑞典表演時不慎跌下舞臺摔斷了腿，但他堅持坐在椅子上唱完整場，由醫療人員在一旁扶著他包紮住的斷腿。

葛羅真是特別，但他不是特例。我們相信，音樂人具備獨到的本事來適應一個永不停歇、持續變遷的世界。他們敞開雙耳聆聽契機，有能耐與陌生的新夥伴合作，為科學和藝術都帶來創新。他們懂得的道理比帶球跑位戰術更豐富——他們懂得怎麼演奏、怎麼做實驗。

擋不住的感覺

大賈斯汀在一九九〇年代是超級男孩（NSYNC）成員，那是史上專輯最暢銷的男孩團體，大賈斯汀也走紅國際。他單飛後錄製了四張白金唱片，賣出超過五千六百萬張單曲。他頭兩張個人專輯是節奏藍調風的《愛你無罪》（*Justified*）和《愛未來式》（*FutureSex/LoveSounds*），充分展露他揉合靈魂樂、放客、流行音樂的功力。他從二〇〇八年起暫別錄音四年，但繼續風靡世人，這次是在電影院裡：他出演了《社群網戰》（*The Social Network*）、《霸凌女教師》（*Bad Teacher*）、《好友萬萬睡》（*Friends with Benefits*）和《鐘點戰》（*In Time*）等多部電影。重返錄音室後，他陸續發行新靈魂（neo soul）和一九七〇年代搖滾曲風的雙專輯《傲視天下》（*The 20/20 Experience*），迪斯可風的暢銷單曲〈擋不住的感覺〉（Can't Stop the Feeling），以及結合美式傳統流派和嘻哈節奏的專輯《威震大地》（*Man of the Woods*）。

二〇一九年五月，帕諾斯訪問了賈斯汀。帕諾斯注意到的第一件事情是：賈斯汀好高喔。不知為何，他在我們心目中，依舊是那個一頭捲髮加雀斑臉的超級男孩。然而，出現在帕諾斯眼前的男人身高一八五，一身印花扣領襯衫、西裝外套，配上酷酷的 Converse 高筒休閒鞋，這副外表實實在在提醒著我們：他在樂壇已經闖蕩超過二十年了。我們注意到的第二件事情是，他超級平易近人又務實，不論獨處或別人相處都很自在。不到幾分鐘，感覺就好像跟他認識了一輩子。

帕諾斯先跟賈斯汀在後臺休息室小聊一會兒，接著在座無虛席的大禮堂登上舞臺，進行一個多小時的公開訪談，天南地北無所不聊——賈斯汀小時候在田納西州孟斐斯市（Memphis）長大，於是他們聊到他在當地受到來自芝加哥、納許維爾和馬斯爾肖爾斯（Muscle Shoals）等地的音樂流派洗禮，後來話題又轉到他贏得葛萊美獎、躍上大螢幕的事蹟。詞曲創作名人堂恰好在幾天前宣布，他們將在創立五十週年大會頒發「當代偶像獎」（Contemporary Icon Award）給賈斯汀，所以我們自然也花了不少時間聊詞曲創作。

賈斯汀創作第一首歌曲時還只是少年，寫那首歌是為了說服爸媽讓他戴耳環。他加入超級男孩後繼續寫歌，但他坦承當時他很沒自信，後來跟瑞典超級製作人馬克斯・馬丁（Max Martin）合作才改變想法。馬丁製作的冠軍歌曲數量之多，僅次於披頭四的約翰・藍儂（John Lennon）和保羅・麥卡尼（Paul McCartney）。他是出了名的用心做實驗，製作每首歌都使出十二萬分力氣，不斷挖掘新點子，不滿意絕不罷休。他們兩個認識時，賈斯汀才十六歲。

賈斯汀告訴帕諾斯：「這就是我的音樂課，讓我瞭解到創作沒有任何規矩可言，不過有些大原則是馬丁非常堅持的。我小小年紀就能親眼見證馬丁怎麼寫歌，真的很幸運，他是那麼執著，每條旋律的每個環節都不放過，好找出哪些地方聽起來可能不對勁卻又別具優點。」

直到今天，賈斯汀在錄音室裡仍像馬丁教他的一樣執著，他說：「訣竅是一直寫，不要停。在錄音室裡，我的規矩只有一條：勇於耍蠢。你聽別人用吉他彈一段即興重複，可能會冒出一個超棒的點子，這時別憋在心裡，我自己就會大聲說：『嘿大家，我要耍蠢囉，你們聽聽這個如何？』」

從想到一個點子到完成一首歌，這是個不斷嘗試各種想法的過程——測試看看，證明這些想法有效，或是棄而不用。他對帕諾斯說：「藝術創作沒有錯誤答案這回事，因為每個想法都會帶你找到感覺很對的東西。你如果想跟別人建立連結，自己要先覺得做出來的東西感覺很對。我會讓歌曲發表，通常是因為那是我在當時能接受的成果。要是在廣播上聽到自己的歌，我可以告訴你當初哪裡能做得更好、哪一句能唱得更好。不是說要完美無缺才可以，不過你確實要有成果很棒的感覺，因為那會讓你有發表的自信。」

音樂實驗跟運動實驗、科學實驗不一樣，並不是基於研究計畫或固定的方法。藝術家試過愈多選項，愈有可能挖掘到值得發展的點子。賈斯汀不只用這路手法寫歌，也用來探索職涯的新路線和新點子，例如演戲。在這場座談會上，帕諾斯向賈斯汀問到他的自傳《我的後見之明與盲目》（*Hindsight & All the Things I Can't See in Front of Me*）裡面的一段話：

> 有時候，感覺好像每個人都希望你待在原位就好。大家總在找個定義、分類，或是規則。他們為了瞭解你，於是逼你乖乖固定下來，希望你幫他們省省麻煩，希望你守規矩就好。我只想說，要守就守你自己定的規矩。

他對帕諾斯說：「我不想重複自己。我想繼續學習、做個有創意的人。有時我會太刁難自己，那也是ＯＫ的。不過我現在還是在創作，而且在想清楚以前、在一切感覺有道理之前，不會輕舉妄動。」

東剪剪、西試試，什麼花招都用一用

來仔細瞧瞧音樂實驗是怎麼做的吧。畢竟這有很多形式與風格，因藝人而異，有時還依他們正在做哪張專輯而定。二〇二〇年初，為了訪問伊莫珍・希普，我們遠赴倫敦城郊的小村子哈弗靈—艾特—鮑爾（Havering-atte-Bower）。

伊莫珍是獲葛萊美獎肯定的歌手與詞曲創作人，也因為擔任泰勒絲（Taylor Swift）經典大碟

《1989》的製作人、為舞臺劇《哈利波特－被詛咒的孩子》（*Harry Potter and the Cursed Child*）配樂而聲名大噪。好像這樣還不夠忙，她跟科技發明家凱莉・史努克（Kelly Snook）合作研發出Mi.Mu智慧手套——這原是二〇一〇年伊莫珍在自家錄音室做的小實驗，結果在後續十年間演變成完備的商品。透過這副高科技手套，樂手能以全新的方式創作表演。不論在錄音室或舞臺，戴上這副手套，只需雙手就能作曲和演唱。樂手戴上Mi.Mu手套，透過簡單的動作就能操作音樂軟體：把手抬高或降低能改變音高，把手張開就能啟動強烈節奏。手指一掐、手刀一砍、手掌一甩，就能做循環播放或殘響的效果。表演者能一首接一首做出完整的歌曲，完全不必動用樂器。

伊莫珍把手套原型，拿去分送給節奏口技藝人（beatboxers）、歌手和視覺藝術家，任其自由發揮；二〇一五年，流行歌手亞莉安娜（Ariana Grande）就在全球巡迴演唱時使用Mi.Mu演出。這副手套也為殘障音樂人開啟了新的契機，例如難以演奏吉他、鋼琴或其他樂器的腦性麻痺患者。在實際情境中研發的經驗為她帶來信心，這項產品後來在二〇二〇年末公開上市。

她也投入另一項新創事業「菌絲體」（Mycelia），運用區塊鏈技術來辨識音樂人新舊作品的完整紀錄，簡化客戶付款給音樂人的流程，並促成新型態的合作。

她對我們說：「我很幸運有那個做實驗的時間和空間、去弄出原創或純粹好玩的東西，或是試著用不同的方式創作音樂。至於我是何時醒悟到自己原來能做實驗，第一個例子是我寫〈捉迷藏〉（Hide and Seek）的時候。當時我第一次想要從頭到尾獨力做一張專輯，在錄音室埋頭忙了將近一個月。有天深夜，我電腦的主機板突然爆了，什麼都救不回來，三個禮拜的心血就這樣全沒了。」

可是伊莫珍沒有雙手一攤，回家算了。她不想這麼灰頭土臉地離開錄音室。在此之前，有個朋友借給她一台 Digitech 品牌的工作站，是一種數位和聲效果器，不過伊莫珍把它冷落在暖爐上積灰塵。

「我想說：我就來用用看這玩意兒吧。我沒用過這種器材，所以不知道應該會怎樣。我對著它脫口而出的第一句話是：『現在什麼狀況？這是在搞什麼鬼啊？[9]』那一刻讓我感覺很舒坦、很隨興。」

9 譯注：〈捉迷藏〉開頭前兩句的歌詞。

我們從錄音只能聽到她被效果器變造過的嗓音。伊莫珍在鍵盤上彈出音符，效果器根據這些音符做出和聲，讓她聽起來好像在唱歌。她動手調整和音的和諧程度，隨和弦轉位做變化，在自然嗓音和合成嗓音之間尋找平衡。

「我沒想太多。我很快錄一段，東剪剪、西試試，什麼花招都用一用——然後就把錄音撇在一邊，過了一陣子才回頭聽，一邊心想：喔喔，這個很棒、這個也很棒，那個很爛。我哼唱旋律的時候，心裡其實在想：旋律聽起來不對，但唱腔ＯＫ。又或者，鋼琴彈著彈著會突然醒悟：這一段彈起來不好聽，可是間奏有個什麼地方讓我很喜歡。」

等到開頭的實驗結束，伊莫珍估計歌曲也完成七、八成了；她只又花兩星期剪輯和填詞，就大功告成。當她放這首新作給朋友和同行聽，很多人說她應該加個低音旋律線（bassline）或節奏，不過伊莫珍沒採納這些建議。

「我好像放任自己沉溺在這首無伴奏人聲之歌裡，我想這首怪歌應該沒人會喜歡，可是我自己超愛的。我覺得這是一大成就，以前我從沒做過這種東西，幾乎完全原創，我從沒聽過類似的歌曲。」

伊莫珍還是把〈捉迷藏〉收進專輯，後來福斯（Fox）電視影集《玩酷世代》（*The O. C.*）當紅時，影集製作人把這首歌拿去做配樂。從此以後，這首歌在十幾部影視作品裡出現過，例如《舞林爭霸》（*So You Tink You Can Dance*）、《CSI 犯罪現場：邁阿密》（*CSI: Miami*）、《拉字至上》（*The L Word*），也有電影拿去作配樂，像是《終情之吻》（*The Last Kiss*）和《竊盜城》（*The Town*），專輯本身則賣出超過六十五萬張。

永遠都要做實驗，永遠都要探索新點子。我們訪問她的那一天，伊莫珍剛為史蒂芬·何傑（Stephen Hoggett）完成一個實驗性的個人計畫。何傑是《哈利波特——被詛咒的孩子》的編舞家，他寄了四段影片給伊莫珍，分別是四名不同舞者隨同一段配樂起舞，不過影片都沒有聲音。他想幹麼？他要伊莫珍根據舞蹈帶給她的靈感寫一首歌，而不是由她先寫歌再拿去編舞。

「我盡量嘗試讓我有點卻步的事，或是我會想『我做不來』的那種。每次一有那種感覺，我就想：『好，正因為我怕，所以我要做』。」

一開始，伊莫珍仔細分析何傑的影片，想找出個節奏來。她逐格檢查畫面，測量舞者的腳步和距離，尋找韻律的蛛絲馬跡。

「然後我想：這樣好傻喔，我幹麼不直接欣賞影片呢？我看著影片畫面，首先彈出的是一個和弦，一個很長、很動聽的和弦。接下來又是三個和弦，可是我沒讓這一連串的和弦往主音（tonic）[10]走。我邊彈邊自問：這些舞者想表達什麼呢？其中一個人把雙手舉到頭旁邊猛搖，好像很崩潰，然後動作變得有點生硬，接著又開始奔跑，好像在享受片刻自由。我就開口唱出我感覺到了什麼：『你過度努力。』基本上這就成了整首歌的主題：你過度努力。」

伊莫珍讓我們看那段影片，同時播放她寫的配樂。隨著舞者在排練室中移動，伊莫珍先做了一個由她時高時低的歌聲層疊成的片段，再轉進彈指聲與合成器音效構成的橋樑，接著化為悠長而美妙的鋼琴旋律，最後接回她的歌聲。整體聽來簡單、自然而優美。

「我不覺得我對那段舞蹈有什麼特別的瞭解；我只是開始彈琴、聆聽第一個出現的和弦，從我唱出來的第一句開始發展。」

何傑卻不這麼認為。他用電郵回覆伊莫珍：「天啊，伊莫珍，太神奇了。看到妳寄回來的配樂影片，我放心了，妳對我的瞭解太精闢了。看妳把這層理解化為那麼棒的音樂，我完全懂我為何跟妳的創作有種共生的感覺。」

就像伊莫珍說的，她知道自己的處境很幸運；能有實驗和玩耍的空間，運氣真的很好。不過我們也都知道，給自己空間去探索不同的想法，一而再、再而三嘗試，不只對藝術家有好處，在商場上也是。

玩耍的空間

艾拉．裘伊．梅爾（Ella Joy Meir）是以色列詞曲創作人和程式設計師，目前住在紐約市布魯克林區。二〇一七年，《告示牌》雜誌提到梅爾和她的虹月樂團（Iris Lune）：「這些作品氣勢直上雲霄而空靈，每首歌都蘊含一個小小的寓言，融合東西方的音樂風格，混搭手法乾淨俐落。」

過去三年間，她為臉書和 Instagram 譜寫原創樂曲，讓他們的用戶不必付版稅，就能用於影片並公開發表。我向她問起為臉書用戶寫歌的事，這段經歷又如何幫她放手探索新的聲音效果，而她告訴我們，從前她還在唸書的時候，她最喜歡當學生的原因之一是學校每週都要求她寫新歌。

10 編注：在調式中，主音為聽起來最穩定、和諧的音，例如 C 大調的主音就是 C、E 和 G。在這裡，伊莫珍應是想強調作曲時和弦走向的不穩定性。

她畢業以後靠教音樂為生，但也得找時間為自己作曲。為臉書作曲讓她兼顧了麵包與興趣。

三年來，她創作了大約九十首歌。「很多是寫給流行或民謠風的歌手兼詞曲創作人，但我也寫中東曲風、浩室（house）、出神（trance）、氛圍（ambient）、故障電音（glitch）、無伴奏人聲，還有古典音樂。我總是抱著開放的態度鑽研新類型，找出某種風格之所以自成一格的要點，再加入我自己的東西，邊做邊學。」

這種自由實驗讓我們想到音效設計錄音室的「擬音棚」（Foley room）。擬音棚是為了創造音效而特別打造的空間，音效師在裡面重現日常生活的種種聲響，為電影和影片模擬聲響。有時他們會在擬音棚裡鋪滿落葉，有時又會在裡面砸破玻璃、對著防水麥克風猛潑水。不過擬音棚之所以好玩，真正的功臣是音效師的巧思。刀子捅西瓜的聲音變成恐怖片的配樂；古早電影放映機的低鳴成了雷射光劍揮舞時的嗖嗖聲。音效師用嶄新的方式再利用日常工具——流行音樂也是用這一招做出重大突破。

數位工具為創作實驗開啟新契機，不過綜觀歷史，音樂家其實一直都在試驗聲音的效果、音樂的意義和創作的方式。達芙妮．奧蘭（Daphne Oram）是音響師，也是ＢＢＣ廣播聲音工作坊

（Radiophonic Workshop）的創辦人。她首開先例，在播放錄音時刻意改變音速，是電子音樂界的先驅。奧蘭在一九五〇年創作了〈凝滯點〉（Still Point）：她用不同速度播放樂曲並預錄起來，再跟交響樂團的現場演出結合。這是全世界第一次有人在現場演奏中即時變化預錄的音效，甚至比波提斯黑合唱團（Portishead）、強烈衝擊（Massive Attack）這類迷駭樂（trip-hop）樂團早了將近五十年。

齊柏林飛船（Led Zeppelin）的吉他手吉米．佩吉（Jimmy Page）曾經從一名職業樂手學到一個花招：用大提琴弓拉吉他。他在演唱會上用這招來演奏〈頭昏眼花〉（Dazed and Confused）、〈多少次〉（How Many Times），創造出彷彿西藏頌缽的音效，教全場聽眾如癡如醉。到了今天，冰島搖滾樂團席格若斯（Sigur Rós）的雍希．勃吉森（Jonsi Birgisson）也用上這一招，做出彷彿不似人間的音效。

席爾鐸．李文斯頓（Theodore Livingston）外號「大巫師席爾鐸」，在一九七五年發明了「刷碟」（scratching），也就是用手指按住黑膠唱片，在唱盤上來來回回刷動的技巧。要是同時操作兩個唱盤，他能把一張唱片刷出來的音效，穿插進另一張唱片播放的音樂。他在家反覆推敲幾個月，後來在一九七七年一場戶外派對首度公開刷碟，初代嘻哈音樂的必備元素就此誕生。

實驗思維的根本是好奇心和探索未知的精神。不論是導出新的洞見或新的創作，實驗的本質就是樂觀，你得相信探索、玩耍一定能生出有趣的東西。

好玩的意外

有時候，最好的實驗是意外發生的。一九五一年，藍調鋼琴家艾克．透納（Ike Turner）和他的節奏之王樂團（Kings of Rhythm）灌錄了〈八十八號火箭〉（Rocket88），很多人認為這是史上第一首搖滾歌曲。這首歌不外乎簡單直接的節奏和藍調曲風，不過它的吉他伴奏別具一格，令人耳目一新。這段大家一聽就認得的聲音，真的就是意外的產物。

有天，節奏之王要去曼斐斯跟製作人山姆．菲力普斯（Sam Phillips）錄音，於是全體團員把吃飯傢伙塞進後車廂上路。他們的吉他用的是真空管音箱，裡面傳聲用的空心大玻璃管非常脆弱，偏偏那臺音箱在行車途中翻倒，撞裂了真空管。他們不想花好幾天時間和大把銀子送修，於是自己動手修修看。他們用報紙塞住真空管，勉強把碎片固定在原位，結果紙張減弱又扭曲了吉他的聲音，聽起來有種溫暖而模糊的調調。

別的吉他手聽過〈八十八號火箭〉以後，也開始想方設法對自己的傢私搞破壞。林克・瑞伊（Link Wray）在音箱喇叭的表面戳洞，成果是那首劃時代的吉他演奏曲〈琴聲隆隆〉（Rumble）。吉他的音質嚴重扭曲，為全世界帶來第一首使用強力和弦（power chord）的暢銷金曲。這首曲子實在過於創新又驚世駭俗，在美國被禁止廣播——這是美國史上前無古人、後無來者，唯一一首被禁播的演奏曲目。時隔十五年，罕醉克斯把吉他的失真音效玩到臻於化境，使它成為搖滾樂的重點元素。

當然了，從實驗到應用的過程不限於音樂。將近一百年來，培樂多（Play-Doh）都是美國小孩必玩的黏土，不過這項產品最初問世時其實是一種油灰，用來清除壁紙上的煤渣。可是在二戰過後，美國住宅大多捨棄煤炭暖爐而用天然瓦斯或電暖爐，油灰也被打入了冷宮。多虧有個油灰公司總裁的太太獨具慧眼，才讓它搖身變為小朋友玩的黏土。妙妙圈（Slinky）原本是工業用彈簧，用來穩定船隻上的脆弱設備。有一次，一枚妙妙圈的前身從架子掉下來，一路彎過一疊書和一張書桌才彈到地板上，這才讓人看出它可以當玩具。除了這些，還有很多產品之所以問世，都是因為在發明者眼前上演驚喜意外，才讓人看出它們別具潛力——從盤尼西林到便利貼都不例外。

自由探索

我們活在一個對創新求之若渴的年代，然而諷刺的是，公司行號對於讓員工放手玩耍，大多興趣缺缺。老闆老是擔心玩耍會浪費時間金錢，卻又對員工、錄音室和顧問頻頻施壓，要求他們利用有限的資源，在緊縮的期限內推出前所未有的產品和服務，而且是關在公司深處與世隔絕的辦公室裡，門上掛著「創意思考室」、「創新實驗室」這類可悲的牌子。時間就是金錢，金錢怎能浪費，所以立即切合實用就是今日的最高原則。

想想有多少新創公司為了反抗這種企業文化，得意地帶求職者和新進員工參觀辦公大樓裡的電玩中心、彩色球池。這類作法雖然立意良善，卻也搞錯方向，因為「玩耍」要發揮最大效益，不是讓員工暫時放下工作，而是與研發（也就是創造）的過程結合。重視玩耍不是反對優化，也不是反對效率。公司不論在進行什麼專案，玩耍可能不會帶來明顯相關的立即突破，但仍然值得，因為這賦予員工空間來創造更新穎、更振奮人心、也與他們真正在乎的生活面向更相關的東西。

其實，認為實驗不過是達成目的的手段，必須快速有效地進行，是相當晚近才有的現象，即使在企業文化中也是如此。馬文・凱利（Marvin Kelly）在一九五一到一九五九年間擔任貝爾實驗室（Bell Labs）的主任。多年間，他都刻意不問手下的科學家和工程師在研發或創造什麼東西。他想賦予他們完全的自由去探索想法、自訂進度——就連屬下做成果報告時，他都不問那可以做怎樣的實際應用。凱利知道，想得到傑出的設計或工法，實驗就是基礎。而且他是對的：在他主持期間，貝爾實驗室發明了電晶體、行動電話、雷射，以及通訊衛星。

為了更深入探討這個主題，我們向史帝夫・范（Steve Vai）求教。我們倆從小就彈吉他，所以都很崇拜史帝夫・范：他三度榮獲葛萊美獎，最出名的是在舞臺上霸氣全露的神技。法蘭克・扎帕（Frank Zappa）、大衛・李・羅斯（David Lee Roth）、白蛇樂團（Whitesnake）、瑪麗・布萊姬（Mary J. Blige）、奧茲・歐斯朋（Ozzy Osbourne），這些明星都曾靠他助陣。會速彈的重金屬吉他手多半彈得又快又準而毫無感情，史帝夫卻與眾不同；他彈得更快更準，卻超級有感情，甚至讓人覺得溫暖。當他在二〇一二年獲頒萊斯保羅新創獎（Les Paul Award），全美樂器商協會基金會（National Association of Music Merchants Foundation）說：「史帝夫・范將個人才華用於推動音樂語言的進步，手法充滿創意。許多藝人很容易被歸入單一類型，史帝夫・范卻一直難以歸類。他是頂尖的音樂煉金術士。」

不過史帝夫・范最家喻戶曉的或許不只是獨奏神技。他還設計了有史以來最暢銷的簽名電吉他系列：依班納牌（Ibanez）的JEM電吉他。吉他製造商推出簽名琴的作法由來已久，除了打上明星樂手的名字為號召，跟大量製造的普及款其實沒太大差別。有時簽名琴會使用有別於一般的木材、高級一點的拾音器和調音器，還有多種特殊顏色可選，此外就是琴頭一定會嵌著名家親筆簽名。不過史帝夫・范不以此為滿足。

他告訴我們：「開發JEM是一場創意實驗，有種純真、愉快又熱情的自由。我對這款吉他的前景如何、會不會幫我賺大錢，沒有任何期待。有時你要是因為心有所圖而開發東西，反倒礙事。我什麼也不圖。我要這些吉他為我個人獨立生產。」

史帝夫・范著手設計這款吉他時，正與羅斯巡迴演出，用的是芬達牌（Fender）有二十二條琴桁的電吉他款Stratocaster。但他覺得這把吉他差強人意。他手指靈活得驚人，能輕鬆按到高音，所以他很希望吉他的琴頸長一點，才能在每條弦上都彈出整整兩個八度。

「我想要二十四條琴桁，也想要Stratocaster的造型，但要更性感一點，因為我看久覺得乏味了。所以我弄出一張草圖，請製琴師幫我做出來。」

這下他總算有了一把能彈高音的吉他，但還是不滿意。他想大幅勾拉琴弦，更戲劇化地飆高音，卻無法用這把吉他這麼做，於是又想把琴身與琴頸相接處的凹槽挖得更深，讓雙手有操作空間。最後，他希望琴身有個握把，靈感來自馬鞍的握把，這樣就能在演出時把吉他翻來轉去，多有戲呀！

「我把設計原型寄給所有聯絡過我的吉他製造商，跟他們說：『誰做出我最中意的吉他，我就彈那一把，並且讓它成為我的簽名琴。』結果不意外，他們大多寄來一把自家的標準型吉他，除了打上我的名字只略做改變。真搞不懂，我明明說過我想要什麼了，他們幹麼還要這樣。」

然而，依班納公司寄給史帝夫的吉他，完全照他的設計打造：琴桁變多，琴身不只挖深彎角也鑿了握把，顫音琴橋旁邊還加裝支撐手掌的附件——樣樣符合他的要求。結果證明史帝夫．范和依班納做對了：ＪＥＭ在問世後賣出了幾百萬把，長銷三十年。很多噱頭十足的吉他是為搖滾歌星量身訂做，沒多久就宣告停產，不過ＪＥＭ在三十年間不斷推陳出新，笑傲市場。

任何公司的研發部門想體驗史帝夫・范說的自由探索，都是有可能的，不過實驗之旅究竟要如何展開？設計界對這個話題並不陌生。為了端出投消費者所好的成果，設計師已歸納出一套持續發想實驗的法則，用來推動產品、系統，甚至是體驗的進步。其實，「設計思考」早已成為一種方便稱呼，設計師為了與各領域的生意夥伴一起做實驗、發展想法，會藉設計思考之名，與對方分享他們的手法和思維。有個設計思考的實作方式跟實驗很接近：把既有的產品或服務拆解成最基本的元素，再逐一檢視這些元素，看看還能怎麼應用。突然之間，相機可以嵌進手機、行李箱可以加裝輪子，而吉他也可以自帶握把。

二〇一三年，兩位年輕商人ＴＪ・帕克（TJ Parker）和艾略特・柯恩（Elliot Cohen）在ＩＤＥＯ波士頓劍橋區分公司設點，成為裡面首個「駐村新創公司」。帕克來自新罕布夏州，從小在自家開的藥局長大，於是他創立了PillPack公司，也就是提供處方藥投遞到府服務的網路藥局。他們洞悉了業內眉角，並發明自動分裝藥品的技術，但他們真正想做的，是創造實體藥局所沒有的全新體驗。

柯林・拉納（Colin Raney）在ＩＤＥＯ工作，後來成為PillPack的首席行銷長，他說：「我們有強烈的預感，這項服務一定很有吸引力，可是遇上處方藥品這種很重要又很個人的東西，該如何讓人信任你的服務？我們摸索了很久。民眾不覺得這是藥局有問題，他們只覺得很難好好服藥，又不認為藥局幫得上忙。我們開始測試各種點子，要能說明送藥服務有多方便，又不會陷入處方跟保險的複雜討論、搞得人一頭霧水。」

他們做了初步調查，發現民眾沒想過處方藥能以不同方式送到他們手中；其實，除了拿藥，不然一般人根本也不會想到藥局。五名IDEO設計師組成的核心團隊於是從這裡開始著手：他們在當地一家購物商場擺攤，拿各種宣傳方式來玩玩看。一連三個週末，他們測試了一系列訊息——改變攤位的招牌和措詞，調整賣價和訂購模式，用不同手法改良包裹方式——看看哪些點會打動潛在客戶。第一個週末，宣傳重點放在自動揀藥和送藥到府的便利性；第二個週末，改為強調藥師能透過手機應用程式隨時效勞；第三個週末，主打更安全可靠的藥局服務。結果民眾對送藥到府的好處反應最正面，所以節省時間、化繁為簡，成為PillPack宣傳的主要號召。

柯林認為，這種團隊合作與不斷的疊代[11]經驗（iterative experience），對公司的文化產生奇妙的影響。他說：「當你營造出做實驗的文化，也就帶來一種不斷追問改善之道的好奇心。大家解決問題的方式開始改變。你坦然接受沒有靈丹妙藥這回事、一定會有些想法行不通，可是你會從錯誤中學習。」

二〇一七年，我們得擴大生意規模，知道我們的顧客看很多電視，於是決定試著廣告。公司行號通常會外包這項工作，由廣告商負責發想並找製作公司拍攝。這麼做很貴，也未必保證有效。把這麼重要的事情外包給別人，自己杵在旁邊樂觀以待，這感覺不太對吧？所以我們考慮要自己拍。這些年下來，我們已經很會發想創意短片的內容，不過電視廣告是一筆更大的賭注。最後，我們把這個專案化為一連串實驗，寫了四個廣告腳本，為每個環節測試不同的想法，並雇用一個小型製作公司協助製作影片。這麼做的總成本比傳統拍廣告的方式減少很多，我們也學到一大堆管用（跟不管用）的招數。我們一再重複這個流程，在兩年間播出三十則不同的廣告，電視也成了我們最重要的行銷管道之一。我們把這個專案想成是許多小實驗的組合，於是邊做邊學，也邊做邊進步。

二〇一八年，亞馬遜以七億五千三百萬美元併購 PillPack。這次併購本身就是亞馬遜的一場實驗；醫療衛生產業是大企業集團的新戰場，他們打算用 PillPack 試水溫。

不論你是發明家、公司老闆、音樂人，或以上皆是，只要你用心透過實驗來研究探索，都有機會從芸芸眾生之中脫穎而出。

11 譯注：疊代，就是根據舊有基礎不斷改良更新。在商界（尤其是新創或科技業）亦稱「迭代」。

推薦曲目

間奏二

這份實驗歌單的特色，是使用改裝的設備、扭曲的聲音、反常的曲式，以及挪用他途的工具。請留意這些藝人透過玩耍和即興演奏所創造的聲音，帶來什麼樣的感覺。還有樂手在〈頭昏眼花〉中間用提琴弓拉吉他的片段，這個手法在席格若斯的歌裡還會出現。

歌單

〈加農四號之三種獨立音〉（Three Single Sounds Taken in Canon IV）／達芙妮・奧蘭（Daphne Oram）

〈八十八號火箭〉（Rocket 88）／節奏之王（Kings of Rhythm）

〈髒手〉（Filthy）／大賈斯汀

〈掃黑大隊〉（Gangbusters）／大巫師席爾鐸

〈頭昏眼花〉（Dazed and Confused）／齊柏林飛船（Led Zeppelin）

〈異水之吻〉（Alien Water Kiss）／史帝夫・范

〈迷途水手〉（Sæglópur）／席格若斯樂團

〈捉迷藏〉（Hide and Seek）／伊莫珍・希普

〈我正在成為〉（I'm Becoming）／史帝夫・范

〈二〇〇八年科隆 DJ 第二組曲〉（Koln 2008 DJ Set 2）／大巫師席爾鐸

深度聆聽：聽聽看席格若斯的《Ba Ba Ti Ki Di Do》，這是他們為美國現代舞家摩斯・康寧漢（Merce Cunningham）的後現代舞目〈裂面〉（Split Sides）現場即興配樂的精選輯。

第三章
合作：合一打拼

我覺得我從前寫了一段很棒的鉤引點、有個很棒的主意……
可是現在回頭聽試聽帶，感覺卻不一樣了，
因為現在這首歌處處是她的影子……
這首歌有了更深刻的意義。
這世界99%的人聽到這些詞，
肯定都會想到碧昂絲（Beyoncé）。
——艾澤拉．寇尼格（Ezra Koenig）

你是否曾在執行某項計畫時，不太確定接下來的方向，也不知道該怎麼完成，可你感覺並不孤單？與人合作就該是這樣。你動手實踐某個超宏大、超新穎、超特別的點子，以前從沒做過，所以你也明白自己無法獨挑大樑。要想成功，得靠別人的才華與技能來助陣。雖然有種在黑暗中摸索前進的感覺，但人多也力量大。

柏克夏斯山區（Berkshires）距我們兩人住的波士頓地區不遠，我們都很喜歡那裡舉辦的實聲音樂節（Solid Sound Music Festival）。創辦這個活動的威爾可合唱團（Wilco）拿過葛萊美獎，從另類鄉村、交響流行到秋鄉民謠（autumnal folk）都有涉獵，曲風十分多元。在二〇一七年一個溫暖的六月夜晚，威爾可的朋友為慶祝音樂節閉幕辦了一場續攤趴，麥克和妻小也受邀參加。

一行人擠進大眾小貨車，開進柏克夏斯山區深處，結果發現這個續攤趴可不一般，沒有紅地毯或照相亭，也沒有派對小點心或ＤＪ駐場。我們抵達的時候，發現那裡竟然是胡西克河（Hoosic River）河畔一個工地，現場只見水泥地基和夾板屋。原來這其實是一場命名典禮：他們即將創立一家「過客」旅社（Tourists），於是辦了這場驚喜發表會，邀請互不相識的人齊聚一堂，共享一晚的體驗。

晚餐是從防水布搭成的臨時廚房端出來的，主人在飯後提著燈籠現身，領大家走進林地。我們安靜走過一座結構精巧的鋼筋吊橋，這在一片靜謐的森林中顯得突兀，我們腳下踩的也是新開拓的步道，最後抵達一座剛竣工的小禮拜堂。那看起來好像一座只有樑柱的小涼亭，樑柱四周用繩子吊著一百根管鐘。這個結合了冥想和樂器的裝置藝術沐浴在兩盞聚光燈的光線中，自一片幽暗中凸顯出來。

這一刻令人感到眩惑又超現實，但也充滿美感。我們全體站在那裡不發一語，環顧四周，聽著樹蛙的鳴叫和遠處傳來的淙淙河水聲。接著，有兩個人從人群中走到前方，一人拿著吉他，另一人手持音槌，空氣中隨即充滿和弦音和管鐘空靈的節奏。他們身後的樹林傳出小喇叭獨奏的旋律，從隱約的低鳴逐漸增強。一開始我們只是旁觀，後來也加入演奏，與樂手一起敲打管鐘。

幾天後，我們請威爾可的貝斯手約翰・史蒂拉特（John Stirratt）跟我們聊聊這個創業計畫。

史蒂拉特說：「創立『過客』之前，我從不覺得自己是商人，更別提旅館老闆了。我在八〇年代聽地下音樂長大，身邊都是不信任商業的人。當時這種不屑商業的態度大概還是很龐克吧。」

他笑著告訴我們。不過他二十五年來隨樂團走遍美國和世界各地，也注意到一股趨勢。在一次次巡迴演出之間，許多小城市和大型鄉鎮改頭換面，他再訪時發現，它們跟幾年前判若兩地。精品小旅社和咖啡店蓬勃興起，在販賣高級物產之餘也重塑了當地風貌。

「我看到餐旅業者確實改變了大家的生活，特別是透過食物和咖啡。他們把自己的工作變成一種浪漫的事、一門藝術，從少少幾個創辦人成長到幾百名員工。這打破了我對商業的迷思。我看到其中也有反文化和講人情味的一面，就跟我在音樂圈看到的一樣。」

他開始有了創業的想法：他要怎樣才能召集一群人，為振興麻薩諸塞州的小鎮北亞當斯（North Adams）盡一分力，而且是有重點的振興？史蒂拉特回想自己巡迴演出時，有兩家旅館特別對他的胃口：聖荷西旅館（Hotel San José）和聖西西莉雅旅館（Hotel Saint Cecilia），都位於德州奧斯丁市。

他說：「我入住聖荷西的感覺，就像重聽邁爾士．戴維斯某張唱片第五十次。那是種沁入心脾的體驗，一種充滿可能的感覺。」

於是他雇用那兩家旅館的前總經理麗莎．瑞拉（Lisa Reile）為顧問，瑞拉又介紹他認識房地產開發商班．史文森（Ben Svenson）、媒體創業家史考特．史戴門（Scott Stedman）、精釀啤酒廠老闆艾瑞克．克恩斯（Eric Kerns）。

這對史蒂拉特來說並不陌生，就像玩團嘛：「英國樂團的朋友跟我說，搞樂團就像加入俱樂部，他們絕不信任圈外人。可是在美國不一樣，找圈外人是在擴大合作關係、壯大你的社群。我們是這個計畫的夥伴，大家攜手打造一家理想中的旅館，就像寫一首你從沒聽過的歌。」

我們看到一個曾對商業強烈反感的人，這下運用他的音樂直覺，像面對創作計畫一樣創立新公司。聽史蒂拉特描述他們創業的過程，有點像在說即興合奏（jam session）。即興合奏往往鬆散而不正式，幾乎像是說上場就上場。這一來靠台下十年功，二來靠眾人默契，在沒有事先安排也沒有樂譜的情況下，給大家一個同台切磋的機會。每個參加即興演奏的樂手都知道為別人保留空間很重要，要注意何時挺進主位、何時又要退後陪襯。要是有個人老是在獨奏和放大音量，聽起來就很無聊了。要玩出精彩合作，樂手得互相信任、運用創意在每個角色間遊走自如，才能發揮綜效。史蒂拉特告訴我們，對過客旅社來說，信任是他們團隊工作的基石，而且他們的互信穩如水泥地基。他們從手繪草稿開始，每個人都帶來自己的特長和點子：旅社的建築結合了服務、飲食、地理和生態環境，並悉心考量了北亞當斯的歷史和特色。

過客旅社在二〇一八年夏天正式開張。那是個寧靜簡約的空間，周圍是二十二公頃的森林，建築走極簡風格，步道蜿蜒有致，裝潢真材實料，員工也都很透入。旅館附設一家「織布機」餐廳（Loom），由曾獲詹姆斯・比爾德（James Beard）獎的主廚蔻特妮・伯恩斯（Cortney Burns）開設，初衷是像餐廳的名字一樣，把北亞當斯在地的文化和食物交織起來，作為一個供人共享美食與美好時光的聚會空間。

為了營造溫度與共鳴，過客的共同創辦人對每個細節都有所用心：香氣柔和的咖啡、秘魯聖木薰香，客房採用白橡木裝潢和地板並搭配皮革家具，床上鋪著潔白的羽絨被。還有俯拾即是的小樂趣：來自鄰近地區的古早明信片、探索周遭區域的指南、手刻沐浴皂。

他們有個格外獨到的亮點是「過客廣播」——旅社自營的短波調頻電臺，在每間客房透過流金歲月牌（Tivoli Audio）Model One 收音機串流播音。我們以為這是史蒂拉特為了增添氣氛做的配樂，但出乎我們意料，率先提議做電台的是啤酒廠老闆克恩斯，他說這能當成實聲音樂節的測試版。過客旅社逐漸成形時，音樂電台感覺是渾然天成的搭配，所以史蒂拉特決定拿克恩斯這點子來發揮，開始規畫曲目。

他告訴我們：「我一直很討厭旅館在晚間大放流行音樂，想把場子搞得像銳舞夜店。我們在過客旅社不來那一套。我不想別人認出我們播放的任何一首歌；讓音樂帶你進入新天地，這才是重點。我得瞭解這塊地方、瞭解它獨特的生命，然後挑音樂來搭配。」

為抓準過客的氣氛，史蒂拉特花了好一陣子摸索。起初他從自己早年反文化的底子取經，從SST唱片等獨立廠牌選了民兵（Minutemen）、哈斯克杜（Hüsker Dü）這類經典樂團。那種精神跟過客旅社很合拍，聽起來卻不搭，所以他又從頭開始挑選，目標是要符合瑞拉和員工營造的氣氛。最後的歌單由邊緣民謠（outsider folk）、夢幻流行（dream pop）、經典搖滾和嘻哈混搭而成，歌曲都有種既遙遠、又療癒的氣質。

創意團隊的其中一員提出想法，讓另一名成員去發展，這種模式是有來有往的，例如客房的室內設計也有史蒂拉特的功勞。

「我向團隊提議一款沙發：我覺得有個現代版的巴西拉弗（Lafer）沙發應該很搭。我對這個主意一頭熱，不過設計師茱莉·皮爾森（Julie Pearson）當然找得到更稀有也更適合客房空間的東西。經過反覆討論，我們團隊很有共識，大多數的決定都是某個想法逐漸優化的結果，而不是說改就改。」

史蒂拉特回想起在管鐘小禮堂舉行的命名典禮，覺得那完整體現了過客旅社的精神。「那一晚讓我們聚在一起，置身旅社最終將落成的空間。這塊地方會有怎樣的感覺原本只存於腦海，不過我們在那天親身體驗到了。那次活動有種非常特別的感覺，我們都感同身受，也動了把計畫做得更遠大的念頭，成果就是現在的過客旅社。」那樣的願景，就是他們合作成功的關鍵。雖然參與者的出身南轅北轍，還是能透過共同的夢想找到共同的節奏。

合作，就是踏上追尋之旅

爵士小號大師戴維斯有段著名的往事：他為了追隨傳奇小號演奏家暨歌手迪吉·葛拉斯彼（Dizzy Gillespie），在十八歲時從聖路易搬到紐約。戴維斯當時已嶄露天才光芒，足以和爵士界任何傳奇人物比肩，但他還是想跟他最崇拜的人一起演奏。因為葛拉斯彼才華洋溢又獨樹一格，不甩樂譜上的和弦進行，大膽吹出刺耳的音階——這些都與戴維斯抒情、個人又內省的風格大相逕庭。英國《衛報》（*Guardian*）在一九六〇年的一篇文章提到：「戴維斯和葛拉斯彼的風格差異再大不過。葛拉斯彼睥睨全場，用演奏取笑聽眾，考較他們聽不聽得懂。戴維斯似乎渾然不覺臺下有人，他做的演奏效果，全是為了自己和同台樂手。」

為什麼一名小號手會想追隨另一名小號手？因為那是探索新知的契機，他想要充實自己、與人共同成長。這種團隊合作不是為了聯手爭勝、追逐運動競賽或打仗那種勝利，而是要與人結合生出新的東西，跟調式一樣有主有從。音樂人或創業家有如孤狼，隻身在荒野中為個人理念打拼——這種形象已經老掉牙了，也未必是締造佳績最好的方法。有時候，成事要靠團隊。

在當今世上，要說哪個音樂人有獨闖天下的本事，非碧昂絲莫屬。她在二〇〇三年脫離天命真女合唱團（Destiny's Child）單飛，從此成為史上最成功的藝人之一，賣出超過一億一千八百萬張唱片。美國唱片業協會（Recording Industry Association of America）認證她是二〇〇〇年代的銷售冠軍。碧昂絲絕對有獨當一面的才華，她會想單飛也不意外。

然而，她在二〇一六年推出了《檸檬特調》（*Lemonade*），是音樂史上最有野心的合作專輯。被《滾石》雜誌（*Rolling Stone*）評為「終極的拼貼，聲音、影像和概念爭奇鬥艷的豪華集錦，靈感來源五花八門，令人目眩神迷。」裡面的歌曲大多有至少三名作者，有幾首甚至超過十人。整張專輯有超過一百人參與，其中不乏樂壇大咖，如肯卓克．拉瑪（Kendrick Lamar）、白線條樂團（White Stripes）的傑克．懷特（Jack White）、威肯（Weekend）。此外也有獨立搖滾樂手，像是吸血鬼週末樂團（Vampire Weekend）、動物共同體（Animal Collective），還有迷霧聖父（Father John Misty）。整張專輯的曲風極廣，從硬式搖滾、鄉村、雷鬼、饒舌、放克到節奏藍調都有。

比起一般的流行音樂合作專輯，碧昂絲製作《檸檬特調》的手法超前很多，她不是只邀音樂人來寫個反覆段落、唱個短短一句，或是為中間的橋段（bridge）獻聲，而是詢問共同創作人有什麼點子，再逐漸累加、擴大發想。如此帶來的成果，跟她錄過的歌曲完全不一樣，不只證明她的才藝何其寬廣，也證明她有多麼信賴別人的才華。

拿其中的暢銷歌曲〈等一等〉（Hold Up）當例子吧。二〇〇三年，獨立搖滾樂團耶耶耶合唱團（Yeah Yeah Yeahs）發表了〈地圖〉（Maps），裡面有句歌詞是：「稍等一下，他們不像我愛你那樣愛你。」《NME》音樂週刊、音樂網站Pitchfork、《滾石》雜誌，都把這首歌評選為二○○○年代最佳歌曲之一。時隔八年，獨立搖滾樂團吸血鬼週末主唱寇尼格重寫這段歌詞，發到推特上：「等一等……他們不像我愛你那樣愛你。」又過了幾年，寇尼格與迪波洛（Diplo）合作，也就是曾與瑪丹娜、小賈斯汀（Justin Bieber）、史努比狗狗（Snoop Dogg）共事的名製作人。他們倆大致根據這句歌詞寫了一段旋律：「等一等，他們不像我愛你那樣愛你。沒有比你更神的神，這樣對待愛你的人好殘忍。」這首歌原本是要寫給吸血鬼週末的，可是寇尼格決定改寄給碧昂絲聽聽。就像戴維斯追隨葛拉斯彼，寇尼格這麼做引發了連鎖效應，多位創作神人根據這首歌熱烈交換意見，最後全名列〈等一等〉的詞曲創作人。

碧昂絲首先把這首歌寄給艾彌爾·海尼（Emile Haynie），也就是曾與阿姆、基德卡迪（Kid Cudi）等饒舌歌手合作的製作人。令人意外的是，海尼提議邀喬許·提爾曼（Josh Tillman）幫忙填詞。提爾曼在樂壇活躍的圈子跟碧昂絲天差地遠，他因為擔任狐狸艦隊（Fleet Foxes）的鼓手而竄紅，後來又創造出自稱「正港假貨」的舞臺角色「迷霧聖父」，以惡搞樂手的人設演出。提爾曼雖然只受邀寫幾句歌詞，還是狠狠下了一星期的功夫寫出一大堆詞曲和副歌，他自己覺得大部分肯定會進垃圾桶。

碧昂絲卻不這麼認為，她把提爾曼副歌的演奏版寄給英國詞曲創作人ＭＮＥＫ，除此之外沒給太多指示。ＭＮＥＫ說：「她的創作團隊有個很棒的地方，他們的意思就像是『我們是喜歡你做的東西才邀你。所以作你自己就好。』」於是ＭＮＥＫ作他自己，根據那段副歌寫出一整首歌。碧昂絲特別喜歡其中一部分，後來那成為〈等一等〉的橋樑段落。

她從每個共同創作人一點一滴收集她最喜歡的素材，再寄給紐約布魯克林的ＤＪ暨饒舌歌手 MeLo-X。碧昂絲在幾年前首次注意到 MeLo-X，那時他拿碧昂絲的五首歌曲玩混音，把成品上傳到 SoundCloud、YouTube 這些平台。雖然碧昂絲的唱片公司以侵權為由，一再要求平台移除這些混音作品，不過碧昂絲聽了很喜歡，於是邀請 MeLo-X 跟她一起巡演，兩人也經常搭檔寫歌。

MeLo-X 說：「我只知道我這邊的狀況啦。我聽到這首歌時，它的完成度大概百分之五十了吧，我只根據我的觀點寫了一些東西。一些和聲、一些不同的層疊處理，後來有不少被她保留下來。」

最後總共有十五人協力創作〈等一等〉，他們全名列詞曲創作人，耶耶耶合唱團的主唱凱倫歐（Karen O）也是其中之一，畢竟她寫的那句歌詞是這一切的濫觴。Pitchfork網站說這首歌是「天外飛來的狂想。沒有重量、沒有地點，沒有時間——一場加力騷（calypso）[12]之夢，能穿越重重圍牆、跨越世代被人聽見。」

《檸檬特調》[13]問世後，學者專家紛紛為文探討，其中許多聚焦於這張專輯如何刻畫女性發現丈夫不忠、不知何去何從的心境。人生突逢變故，你該如何是好？為了消化現實生活中丈夫出軌的行徑，碧昂絲寫出大膽的獨立宣言，思索婚姻與感情關係的錯綜複雜，人與人又是如何彼此連結、互相錯過。最終，《檸檬特調》刻畫出社群的修復力量，而碧昂絲與人攜手創作，不只透過作品實踐了這個理念，也得以與世人分享這層洞察。

12 譯注：加力騷是源於加勒比海地區的舞曲，曲風輕快、節奏強勁，歌詞通常幽默諷刺。

13 譯注：英語有句諺語：當生命給你檸檬時，把它做成加糖檸檬水吧（When life gives you lemons, make lemonade），也就是即使人生遭逢逆境，仍要想辦法順勢而為，做最好的利用。這張專輯的名稱，等於在暗示碧昂絲化悲憤為力量，婚變激勵她寫出這張專輯。

萬用鑰匙

菲董高中時在選秀節目脫穎而出，從而獲得一紙唱片合約，踏入樂壇。那張唱片後來不了了之，不過這讓他首次觀摩到寫歌與製作歌曲是怎麼回事。他在後續年間與威斯特合寫了〈第一名〉（Number One）、與史努比狗狗合寫〈燒燙燙〉（Drop It Like It's Hot）、與關・史蒂芬妮（Gwen Stefani）合寫〈可以那樣就好嗎〉（Can I Have It Like That）。

然而他不改謙虛地說，從前他還是覺得自己不算專業，後來是因為與法國電音雙人組傻瓜龐克合作〈交個好運〉（Get Lucky），在二〇一三年紅遍全球，他才覺得自己稱得上製作人。他為傻瓜龐克寫了這首歌，以為他們會找別人錄唱，然而傻瓜龐克沒有找人重新演唱，在最終版採用了菲董的歌聲。

菲董說：「我實在太震驚了，完全不知道自己會留在這首歌裡。」

他的製作人地位隨著這次成功經驗水漲船高，後來陸續與希洛・格林（CeeLo Green）和阿澤莉亞・班克斯（Azealia Banks）合作，也為西克的〈模糊界限〉（Blurred Lines）獻唱。二〇〇〇年代中期，他從樂壇轉向，開始與愛迪達公司合作設計商品。菲董老早就對愛迪達的產品很感興趣。他青少年時住在維吉尼亞海灘市（Virginia Beach），會跟著饒舌團體 Run DMC 的經典歌曲〈我的愛迪達〉（My Adidas）又拍又唱；街頭隨處可見三條槓的超級巨星款（Superstar）球鞋。菲董說，愛迪達是國民品牌，同樣重要的是，他總覺得類型疆界就是要拿來打破的，而愛迪達跟他的跨界理念不謀而合。他在音樂生涯中屢屢跨足不同類型，知道採用顛覆手法能帶來新的聲音，於是也將同樣的思維應用於服飾設計。

一直以來，服飾與鞋類品牌都會請體壇或樂壇名人背書，愛迪達更是刻意把自己定位成創作人的品牌。像菲董這種有心翻轉世界的人，會非常積極參與產品設計，所以那種合作比聯名行銷或共享文化資本來得更深入。

愛迪達總經理托本·舒馬赫（Torben Schumacher）說：「我們向來認為我們該負責穿針引線，推廣創意思維。很多人創意十足，卻可能沒有發揮的空間，而我們作為品牌，有能力提供平台讓他們發揮。透過這些真誠的連結，他們也帶我們加入改變文化的對話。」

菲董說：「我跟每個人一樣，兩種（高級名牌、國民品牌）都會穿。我沒發明新東西啦，我們只是費了很多口舌，讓大家明白他們在做這種死板的畫分。你要是把眼光從零售商店或精品店移開，看看流行文化自己在做什麼，就會發現大家一直以來都在混搭。」

他們在二〇一四年推出第一款合作商品，那是一套兩件式組合：一雙翻新設計的斯坦・史密斯（Stan Smith）球鞋（這款經典球鞋在一九七〇年代初次問世），加上一件超級巨星款外套。後來他們又陸續推出十幾種商品，其中有一雙香奈兒和愛迪達聯名、為菲董特製的ＮＭＤ球鞋，現在二手價喊到超過一萬兩千美元。菲董設計的「Hu」系列含十四件服飾和五款球鞋，系列名稱是「人類」（human）的簡寫，靈感源於每個人都有深淺不一、各自不同的膚色，而他的設計理念就是要激發大家討論種族和文化隔閡。

菲董曾說：「Hu是為了肯定與表揚各種膚色、信仰和文化。重點在於強調差異，好讓大家明白我們雖然有這麼多差異，基本上都是一樣的……我們的目標是把很多不同的故事告訴大家。隨著社會演進，我們也體認到文化交融有很大的好處。我們其實可以表揚彼此的差異，又不會讓差異分化彼此，這是我們正在學習的功課。」

對菲董來說，這些計畫與合作全系出同源，基礎都是音樂，也就是他的「萬用鑰匙」。

「我不管做什麼都跟做音樂一樣。你做音樂會有自己的聲音素材庫，就像有一組樂高零件，你會按顏色分類什麼的……首先，你有個靈感，你覺得這世界缺了這個東西。你從這裡開始大致想出個梗概、藍圖，然後用顏色標上不同記號、開始把東西蓋起來。我也發現，做一張椅子跟寫一首歌其實沒什麼不同。鉤引點啦、椅腳啦、座位啦、歌詞啦，然後鉸鍊、螺絲釘和黏膠就是和弦結構嘛。」

「你用的材料當然很不同，但道理一樣。你有個靈感、你弄出藍圖、大綱。你動手做一做、蓋一蓋，然後放它出去，讓世界看見它。不論是歌還是椅子都一樣。」

這裡的「一樣」指的是創造性思維，而且菲董把它發揮得淋漓盡致。儘管他不是科班出身的設計師，面對跨界合作的方式卻跟設計師沒有兩樣。他有能耐看出某個點子有發展潛力，再透過合夥人的才華和隊友的技能把它發揚光大。

愛迪達全球產品設計高級副總裁尼克・高偉（Nic Galway）說：「他會跟全會議室的人打成一

片，鼓勵大家想得比產品本身更高、更遠。不論是放眼全球，還是品牌旗下的各種產品，他的靈感俯拾即是，不管做什麼，他都想帶來改變。」

菲董對我們說：「想表達自己有很多不同的方式，運用的也是不同的語言。主題會變，不過你還是同一個你，只是換了一種表達方式。」

昨天哪，愛情還是輕而易舉的遊戲[14]

說到合作，選對夥伴實在太重要了。二〇二〇年初，我們訪問了美國暢銷歌手與詞曲創作人約翰．傳奇（John Legend）。他是屈指可數的「演藝圈大滿貫」（EGOT）得主，意思是艾美獎（Emmy）、葛萊美獎（Grammy）、奧斯卡獎（Oscar）、東尼獎（Tony）都拿過的人。業界都知道他處事公平公正，態度開放，是個很好合作的人。

他告訴我們：「你下的每個決定，每個關於人事的決定，都會大大影響你怎麼創作。」約翰．傳奇是直言不諱的政治運動人士與慈善家，他不論從事什麼工作，都會注意誰是最適合當下時空背景的人選。「在政壇，他們說人事決定政策。我想補充的是，人事也會決定你的創作。你會獲得怎樣的能量，視你雇用什麼人而定。你拉到身邊的人會左右你得到什麼結果。換個人合作，寫出來的歌也不一樣。你想要的，是一個你能信賴他會盡本分、但也有創意的人。你會希望他是人群中你能信任的那一個。所以夥伴要慎選，但也別害怕放手試試。」

菲董的生涯之所以成功，也是因為慎選合適的夥伴。不論在愛迪達、香奈兒還是錄音室裡，他都深明找到好同事的道理。

他對我們說：「經營事業最寶貴的資產是人。理想人才實在難得，一旦找到要好好把握。其他都是身外之物，是吧？身外之物來來去去，不愁沒有，人才就不是了，至少不是天天遇得到。所以身邊最好都是你信任的人。這麼一來，哪天要是面臨難關，你的直覺和反射會要你聽他們的話。」

隨便抓個新公司的創辦人來問，他們都會告訴你：想要有最理想的合作關係，大家得有共同

---

14 譯注：此為披頭四名曲〈昨日〉（Yesterday）的歌詞。（Yesterday, love was such an easy game to play）

的願景與使命、並且都矢志開創更好的未來。要是有人堅持己見，就不算真正的合作，不過又是一個惡老闆配厭世員工的例子。我們身為商管顧問已經看過太多次，有些主管認為無情的競爭是成功的基石，於是讓兩組人馬自相殘殺，或嚴格指示內部哪些部門可不可以合作（就連誰跟誰能溝通都要管）。麥克剛入社會不久時，還遇過一個客戶要求他只能在週一或週五去他們的公司——因為別的主管那兩天不在辦公室上班！這種心態顯然營造出一種戒慎恐懼的文化，導致許多不良後果，糟糕的產品就是其中之一。

藍儂和麥卡尼相識時都還是青少年，兩人都熱愛搖滾樂，因此一拍即合。他們會一起逃學，整個下午埋頭討論填詞譜曲，還會假裝自己是個大歌星，模仿偶像貓王（Elvis Presley）和巴弟・哈利（Buddy Holly）。這對搭檔成為樂壇傳奇，達到前無古人的藝術和商業成就，即使後來開始各自寫歌，還是不忘向對方求教。他們寫歌的風格很不一樣：藍儂是個缺乏安全感的火爆浪子，隨性又不太注重細節，不過麥卡尼對每一個音都再三推敲。這些差異讓他們成為黃金拍檔。

後來喬治・哈里森（George Harrison）和林哥・史達（Ringo Starr）加入樂團，他們還是堅持人人平等，嚴格執行「一人一票」的規矩。不過這做法後來難以為繼。起初的小摩擦隨時間逐漸滋長，等到樂團經紀人布萊恩．愛普斯坦（Brian Epstein）意外過世，四人間的不和首次浮上臺面。很多人認為愛普斯坦有如把樂團黏在一起的膠水，披頭四在他走後漸行漸遠，各逐己志。少了愛普斯坦，沒人想扛下行政事務。至於創作方面，麥卡尼想繼續流行音樂路線，藍儂則愈來愈投入前衛實驗。各人的自負開始從中作梗。哈里森和史達都在寫歌，卻說不動藍儂和麥卡尼錄製樂團的作品。

等披頭四進錄音室製作第九張專輯，縫隙已裂成鴻溝。因為這張唱片的封套一片純白，粉絲暱稱它是「白色專輯」，不過多年後麥卡尼說那是「對峙專輯」，因為藍儂、麥卡尼、哈里森和史達已對彼此失去興趣，不再志同道合。

一九七〇年的英國電影《隨他去吧》（*Let It Be*）就有一幕很看得出來。這部紀錄片拍攝了披頭四排練和錄製最後一張錄音室專輯的情形，而在那一幕裡，麥卡尼態度有點鴨霸，不想理會其他團員的意思；哈里森瞪著他，看起來既厭煩又著惱。他們講起話來像在互相攻訐。紀錄片開拍不久後，披頭四決定跟新的經紀人簽約，可是麥卡尼拒絕在合約上簽名，於是其他三人依照「一人一票」的老規矩為這事定了案。不過麥卡尼不願簽名是另有盤算，甚至有點不顧道義了。他知道他們私底下的約定在法庭上站不住腳，這麼想也沒有錯：他在兩年後把另外三人告上法庭，法院判他勝訴。麥卡尼不受合約約束，不必留在披頭四，這下他的一票勝過了其他三票，流行音樂史上最傑出的搭檔，就這麼不歡而散。

創辦人鬧得劍拔弩張的故事並不罕見：蘋果的賈伯斯與史蒂夫．沃茲尼克（Steve Wozniak）鬧翻，特斯拉（Tesla）的馬丁．艾伯哈德（Martin Eberhard）與伊隆．馬斯克（Elon Musk）反目，臉書的祖克伯與愛德華多．薩維林（Eduardo Saverin）決裂。在以上每個例子裡，搭檔都失去了共同目標，重心從「我們／我們的」轉移到「我／我的」。

這種狀況當然不限於公司創辦人之間，企業高層有時也會與董事會意見相左。公司創辦人或執行長對於自己有何使命，往往與董事會持不同見解，等到非得做個決斷不可，董事會會認定他的想法太過冒險，可能危及公司的穩定發展。賈伯斯在一九八〇年代就是這麼被踢出蘋果的，傑克．多西（Jack Dorsey）則在二〇〇八年被推特炒了魷魚。往好處想，即使被人用這麼激烈的手段切割，賈伯斯和多西最後還是回鍋重掌他們共同創辦的公司，因為他們有辦法說服董事會，他們的願景能帶領公司向前。

就連披頭四最後都和好復出了（可以這麼說啦），在一九九五年為紀錄片《披頭四精選集》（*The Beatles Anthology*）寫了一首新歌：〈自由如鳥〉（Free as a Bird）。這首歌的原創是藍儂，而最初的試聽卡帶，是他一九七七年住在紐約時錄下的。後來麥卡尼要為這部紀錄片寫歌，便詢問小野洋子，藍儂身後留下的試聽帶裡有沒有能做成新歌的材料。洋子把這卷卡帶拿給披頭四剩下的三名團員，於是他們根據藍儂遺世的歌聲編出這首作品。〈自由如鳥〉衝上排行榜冠軍，讓披頭四又紅了一回。

靈活的手腕

公司的營運如果比較像一群人搭檔玩團，而不是遵照死板的科層制度，就能開創讓全體都有歸屬感的環境。每個人享有同樣自由、分擔同等責任。可是一天到晚應付各人不同的動機、理念和性格，我們可以理解這有時很令人吃不消，畢竟我們就有親身體會。團隊要決定做事的優先順序，有時很不容易。我們出於防衛的本能，或單純想保持精神正常，有時會顧不得保持好奇和開放，把別人在乎的事擠到次位。換言之，信任可能因此瓦解。

好消息是，近年來我們看到一股趨勢，愈來愈多組織採用了有助員工共生共榮的架構。為了促進快速的學習和決策，有些公司是由超小型團隊組成的合作網，因此非常靈活，而這有賴科技工具與共同使命感的指引。Zappos[15]和Medium[16]這類行全體共治制（holacracy）的公司，刻意讓組織架構保持扁平。他們不採自上而下的科層制，而是把經營和治理工作去中心化，由利害關係人和員工平均分擔；團隊由員工自行組織，不過各團隊有共同的使命和目標，並享有同等的自主權和職權。比利時籍的弗雷德里克．萊盧（Frederic Laloux）曾任麥肯錫顧問公司（McKinsey）合夥人，他提出「青色組織」（Teal organization）模型，就是針對領導力提出一種更有感情、更全人投入的理念：保持覺察、馴服小我的衝動、提防控制環境的慾望，注重對外形象，甚至要注重對外界的正面影響。青色企業首重個人歷程和謙讓處事，所以不是依科層或季度目標來運作，而是採用自我管理的團隊、直覺推理，以及分散式決策。

很難說企業管理採哪種合作模式更具效益，因為每種模式各有各的優點。不過在瞬息萬變的二十一世紀，這些模式都是在取代已經失靈的工業時代思維，而且都直指最關鍵的問題：今時今日的領導力該是如何？決策要怎麼做？哪種模式最適合你的產業、你的公司、你的專案？

我們請伯克利校長羅傑・布朗（Roger Brown）為我們說明他個人的組織哲學。布朗在十七年前執掌校長一職，從此以後，伯克利的學生人數和規模有了驚人的成長；他來到伯克利之前是中學老師，並創辦了一家提供創新托兒服務和學前教育的公司。不過布朗認為，這一切全始於他從前當鼓手的歷練。

「跟別人相比，我玩團的經歷普普通通，而且我參加過一卡車樂團。可是當我回想起來，那些團全都沒有老大。全團大概四、五個人，什麼決定都一起做。大家各司其職，我通常是負責找演出機會、幫大家排計畫的那個人。」

他與人共同創辦幼兒托育公司光明天際（Bright Horizons）時，自己既沒有小孩也從沒念過幼兒發展。他唯一的商務經驗其實只是當過兩年的管理顧問，又在蘇丹花兩年負責過一個難民援助專案。

15 編注：由臺裔創業家謝家華（Tony Hsieh）所創立，為美國最大網路鞋商之一。
16 編注：由推特聯合創辦人伊凡・威廉斯（Evan Williams）與比茲・史東（Biz Stone）創辦的線上出版內容平台。

他用沉穩又克制的語氣說：「我竟然覺得自己該創辦這家公司，說驕傲自大並不為過。」

不過他跟太太決定尋找才智與他們互補的重點員工，組一支黃金團隊。

他告訴我們：「我們四處打聽，請到一個塔夫茨大學（Tufts）的幼教專家，他非常棒。我們也雇了一個執行專員，他為我們家附近一個托兒中心工作過。我們還找到一個很能幹的財務長。我們有信心的是能找到合適人選把事情搞定，而不是覺得自己能設法包辦一切。」

布朗在建立伯克利員工的陣容時，挑的是身段靈活的人，他們要有切換不同角色的才智，也會為了以服務學生為優先而切換。他把這種作法比喻為組一個現代的樂團。

「大家喜歡說公司就像交響樂團，你身為老闆就是指揮。那是一九五〇年代的模式了。從前你找的是你怎麼譜曲、他就怎麼照章演奏的人。可是在現代的音樂模式裡，你要找的是傑出的職業樂手，他有本事演奏出你想不到要那樣寫的東西。這不是十個人演奏同樣的樂器，而是一個規模比較小的樂團現場即興，團員會用心觀察和感覺彼此的演奏，真正互相關照、互相合作。而且完全沒樂譜可以看，不管是一年前還是兩百年前哪個人寫的，通通都沒有。」

布朗相信合作型思維的效力，也透過他的領導風格加以證明。不過他也知道，現在沒有一個大頭負責發號施令了，所以一定要有個行事原則來指引大家想策略、做決策，也就是說，對於你的組織為何存在要有清楚的概念。

「閉關六個月寫一首交響曲，再花六個月排練才公演——這種模式沒考慮到外界對你的工作會怎麼反應。你應該要觀察、嘗試、傾聽、修正、即興發揮才對，」他拿這來比喻如何謀略和經營事業，「我覺得從前那套做策略的模式太臭屁了，以為自己很重要、全世界都在乎你。新的這套模式著重於觀察和判斷契機何在，要注意眼下現實並且自問：『現在什麼作法行得通？我們要怎麼更積極採用那些作法？什麼作法又沒效果？』」

「我的座右銘很簡單，只有兩個簡單的原則。第一，我想增加伯克利對年輕人的吸引力；第二，我想減少父母的反對。」

我們在前面提過，一般人對音樂家普遍有所誤解。布朗解釋，他遇過學生同時被伯克利和形象良好的長春藤盟校錄取，結果父母勸孩子別來讀伯克利，原因正是大家沒有真正瞭解人文音樂教育的價值。一直以來，他身為校長的使命和宗旨，就是讓世人更明白唸伯克利的好處。

「我不論做什麼都以這兩大原則來觀察，也用這兩大原則來檢驗。要是有個點子行不通，我就悄悄放下。剛好完美契合，我們就執行。又或者已經很接近那些原則了，我們就把它變通一下，讓它更符合我們的需求。」

我們來看看伯克利的「城市音樂」（City Music）課程。領導可以如何合作進行（又或者，為何應該合作進行），這套課程能帶給我們一番新的領會。二十五年前，波士頓的公立學校因為經費被砍而取消了校內音樂課，於是伯克利發起「城市音樂」課後課程，並持續至今。原本城市音樂只是為本地弱勢校園和弱勢社區的學生開辦，現在已走進南北美洲五十二個城市，觸及無數學生的人生。

因為課程的初衷是協助國高中生學音樂，所以會透過他們喜歡的音樂來教樂理、器樂演奏與合奏，像是熱門流行歌曲和皮克斯（Pixar）動畫片的配樂。

大衛・麥許（David Mash）負責將城市音樂拓展到全球各地，我們向他請教：好的領導人該有怎樣的特質？學生學到的音樂技巧又如何轉化為商業思維？麥許擁有獨特的資歷可來談這個主題：他在一九七〇年代初入行時為摩城唱片（Motown Records）擔任藝人關係經理，後來為戴夫·布魯貝克（Dave Brubeck）等多位藝人和他自己的樂團操作合成器，然後才進伯克利開辦合成音樂課，最後接手了網路教學事務。

他對我們說：「我們教過的全部學生只有不到百分之十會成為職業音樂人，可我們的目的其實是透過音樂幫孩子成長，幫他們做好面對人生的準備。學音樂的訓練跟學其他東西的訓練差不多；音樂跟程式設計、符號跟聲音、符號跟意義，都有很強的關聯。學會發出你想要的聲音，會帶來一種很神奇的自足和自尊，對有些孩子來說，這是他們學其他東西得不到的。不過對我來說，最重要的是學習跟人合奏。」

賽隆尼斯·孟克（Thelonious Monk）是爵士鋼琴一代宗師，與小號名家戴維斯搭檔過。他曾經說過：「每位樂手都有領導樂團的潛力。」城市音樂透過合奏教導學生合作，明顯表現出這層用意。

麥許說：「不論是生活哪個方面，領導力總歸一句話，就是你怎麼讓別人懂你的理念。如果你是樂團的吉他手，寫了一首需要貝斯跟鼓聲的曲子，又希望聲音聽起來該有某個樣子，你就得說服其他樂手也在腦海裡聽見那個聲音，並且演奏出來。你得跟別人分享你的理念、把他們激勵到也躍躍欲試。學會這種領導方式，能幫你準備好面對太多事情了。」

不論在任何領域，跟別人攜手創作都要面對以下雙重挑戰：首先，我們要對自己的技能有信心，別人才會請我們發揮身手。其次，我們要對別人好奇，才能基於共同的理念和使命，攜手打造精彩的成果。

我們在麻州西部森林度過的那一晚，是很好的提醒：人人都想創作，也都想與他人連結。最好的合作關係會讓人覺得既自私又無私，成員很有個人成就感，新成員也沒有進入障礙。過客旅社創造了一個社群，在小禮拜堂最後一擊鐘聲消散之後，這個社群還存續了好一段時間。許多志趣相投的人在當晚初次相遇，結成一群新夥伴，後來我們跟好些人每年夏天都會聚聚。

音樂人和創業家會發現，當我們既對自己的能力有信心，也對別人帶來的專長保持好奇——當這兩種心態都發揮到極致的時候——必然有益。試想，不論是蘋果公司、芬達吉他、Everlane[17]，還是教會或寺廟，甚至是地方性的社區非營利組織，它們的成員是多麼積極效命。保持開放與人合作的組織機構，會培養出認同它們使命感的粉絲。史蒂拉特告訴我們：「威爾可有幸擁有創作的自由，我則是有幸在樂壇之外創作。這就像是個大家庭。」

當合作型思維發揮到最極致燦爛的時候，結果正是如此：一個大家庭。裡面的人互相支持、開放溝通、有歸屬感，又能享受幫助他們每個人達成創作目標的自由。

17 譯注：此為美國一家以倫理與環保時尚為號召的服飾新創公司。

推薦曲目

間奏三

這是一份超級天團歌單，不過我們對天團的定義很寬啦！碧昂絲的天團是她的詞曲創作和製作團隊，漂泊合唱團（Traveling Wilburys）是一群 A 咖吟遊詩人的黃金組合：巴布・狄倫（Bob Dylan）、洛依・奧比森（Roy Orbison）、哈里森、傑夫林（Jeff Lynne）、湯姆・佩蒂。威爾可樂團由一群高手固定搭配，不過每個團員各有斜槓事業。沙漠計畫（Desert Sessions）則是奧托勒克司樂團（Autolux）、石器時代女王（Queens of the Stone Age）、ZZ Top 和其他樂團聯手的夢幻團隊，他們在加州棕櫚沙漠市（Palm Desert）花了一個連假週末錄製這張專輯。花點時間把這些天團的名單好好研究一下吧。

歌單

〈等一等〉（Hold Up ）／碧昂絲

〈交個好運〉（Get Lucky）／傻瓜龐克，菲董、奈爾・羅傑斯（Nile Rodgers）客串演唱

〈愛注意〉（Beware）／旁遮普 M C（Punjabi MC）和傑斯（Jay-Z）

〈就在你眼前〉（Before Your Very Eyes）／原子和平樂團（Atoms for Peace）

〈鏽釘子〉（Rusty Nails）／莫德拉（Moderat）[18]

〈全部大寫〉（All Caps）／瘋狂反派（Madvillian）[19]

〈感覺良好企業〉（Feel Good Inc.）／街頭霸王（Gorillaz）[20]

〈來嗨啊（吸一條）〉（Get It On (Bang a Gong)／發電廠合唱團（Power Station）[21]

---

18 譯注：莫德拉是由德國電音團體 Apparat、Modeselektor 成員組成的樂團。

19 譯注：瘋狂反派是由饒舌歌手暨製作人 MF Doom、Madlib 搭檔的雙人組合。

20 譯注：街頭霸王是由英國布勒樂團（Blur）主唱戴門・亞邦（Damon Albarn）和漫畫家傑米・修力特（Jamie Hewlett）共同創造的虛擬樂團，成員是虛擬人物阿 D（2D）、小麵（Noodle）、洛胖（Russel Hobbs）和魔頭（Murdoc Niccals）。

21 譯注：發電廠合唱團由歌手羅勃・帕瑪（Robert Palmer）、前奇可樂團（Chic）鼓手湯尼・湯普森（Tony Thompson）及兩名搖滾經典杜蘭杜蘭合唱團（Duran Duran）成員約翰・泰勒（John Taylor）、安迪・泰勒（Andy Taylor）組成。

〈別打回家〉（Don’t Call Home）／飼主樂團（Breeders）

〈小心輕放〉（Handle with Care）／漂泊合唱團

〈愛你的痛〉（The Pain of Loving You）／三重唱（Trio）[22]

〈恍然大悟〉（Dawned on Me）／威爾可合唱團

〈幸福快樂到永遠〉（Noses in Roses, Forever）／沙漠計畫（Desert Sessions）

深度聆聽：郵政服務樂團（Postal Service）的《放棄》（*Give Up*）。這張專輯跌破眾人眼鏡創下白金銷售紀錄，由俏妞的死亡計程車樂團（Death Cab for Cutie）的主唱班．吉巴德（Ben Gibbard）與吉米．坦伯雷洛（Jimmy Tamborello，藝名 Dntel）攜手合作。會取這個團名，是因為這組雙人檔在合作期間，不斷將歌曲半成品寄給對方來回討論。

---

22 譯注：三重唱是知名歌星桃麗．巴頓（Dolly Parton）、愛美蘿．哈里斯（Emmylou Harris）與琳達．朗絲黛（Linda Ronstadt）組成的演唱團體。

第四章
試錄：先求有、再求好

失敗，很好啊。
——伊莫珍·希普

Square[23]舊金山總公司的八樓有一面白牆，上面釘了十三個一模一樣、簡潔低調的箱框，裡面放著這家行動支付公司歷代的信用卡讀卡機，每一具都由前一代機子疊代而來。最早的第一代是個粗糙但堪用的原型，材料是黑色塑膠，螺絲釘頭清楚可見，線路接得超醜。隨著你沿牆面一路往下走，各代讀卡機逐漸去蕪存菁，變得愈來愈小、愈來愈精緻。最後你來到的箱框，裡頭裝著今天那款光潔小巧的白色讀卡機，Square 公司六十億美元的市值就靠它撐起來。這幅畫面真的很美，呈現出一個靈感是如何成形又不斷改頭換面。

每當你的腦袋靈光一閃，那些念頭通常都是流動易變、概略而模糊的，例如：「要是大家能用信用卡買東西，就像用現金支付那麼容易，不是很棒嗎？」可說到實現靈感，有時好像就令人卻步了，千頭萬緒教人不知從何做起。什麼才是正確的第一步呢？

公司行號想要創新發明，往往會從分析史上失敗和成功的案例著手。我們已經記不得多少次了，老是有人請我們幫忙創立一家「牙膏界的蘋果」或是「銀行服務業的優步（Uber）！」。如果你想重複歷史，這麼做或許管用；想創造真正新穎的東西，恐怕就幫助不大了。又或者，有些公司或許會從腦力激盪開始，把某個概念丟給一組人馬，讓他們發想、給意見。可是腦力激盪還是需要行動。

IDEO的哲學是，一旦動手做，就比較容易知道你想做什麼。為了這令人卻步的一刻，我們還有一句格言：「別準備動手，動手就對了。」畫張草稿嘛。做個模型嘛。就連無形的服務，都能用故事板和比例模型呈現，或透過角色扮演說明互動和服務。反正先動手做點什麼再說吧。

在商界，這叫「原型」（prototype）。在樂壇，這叫「試聽帶」（demo）。不論做原型或試聽帶，背後的思維都是疊代。你用廣播或手機串流收聽的每一首歌，起初都只是一段不怎麼樣的試聽帶而已。音樂人坐在錄音室或廚房餐桌前，就這麼錄下一首歌的種子。懂得抓住靈感的音樂人永遠都在錄音，有時只是一小段節奏或旋律——很多最後根本不會收進專輯。他們不是一直想作品最後該是怎樣，而是專注於自己想表達的感覺，很快草擬出歌曲的基本架構，才有辦法化虛為實。透過試聽帶，靈感開始成形。

23 編注：美國知名金融科技公司，已於二〇二一年十二月十日更名為「Block」，旗下產品包含行動支付服務 Square、轉帳應用程式 Cash App、先買後付服務 AfterPay、網路託管服務 Weebly，以及音樂和影片串流平台 TIDAL。

做個大概就好

試聽帶本來就該粗略又凌亂，是三兩下就要弄出來的東西。這不只能預防你太快愛上自己的點子，也帶來一個可以打破和拋棄的原型。要是你對試聽帶太過愛不釋手，可能會忽略其中的缺點，更糟的是匆匆忙忙就想讓歌曲上市。在試聽帶的階段，目標不是追求完美，否則只會阻絕更多的靈感和創意。

麥可．傑克森（Michael Jackson）的試聽帶就是突出的例子。傑克森生前和身後的爭議，真是既不幸又令人憤慨，然而我們都認同他是詞曲創作天才。他的〈比利珍〉（Billie Jean）是一九八二年的冠軍單曲，在試聽帶裡就只初具雛型：一段簡單的吉他和弦進行，一段打擊節奏。後來成為全曲主幹、人人耳熟能詳的合成器反覆段落，在試聽帶裡只大致有個樣子。傑克森用他清亮靈動的嗓音唱了一段旋律，幾乎沒使出招牌的華麗唱功。很多歌詞甚至還沒寫好，不過他已經抓到旋律。這首歌離完成還差得遠，不過他想做什麼非常明顯，我們也已經知道這首歌值得期待、感覺到它的心跳。

有時，試聽帶會有很不一樣的感覺、很不一樣的目的。羅傑斯[24]博士在伯克利教音樂製作、音樂工程和心理聲學，不過在一九八〇年代中期，她曾是一代流行巨星王子[25]的首席音響師。那時的羅傑斯連高中都沒念完，技術全是無師自通；獲得王子的錄音室雇用，於她是人生的轉捩點。羅傑斯在王子的商業演出顛峰期為他工作，並著手收集他的錄音室和現場錄音。王子有個知名的未發行素材金庫，羅傑斯就是建立庫藏的功臣。

她告訴我們：「王子只要醒著都在彈彈唱唱。而他只要彈彈唱唱，必會找個方法錄下來。他就是那種點子冒得又多又快的人，所以在屋裡走到哪都拎著手提音響，隨時按下錄音鍵。有時候就一直彈即興重複之類的。排練的時候，他得等我幫鼓弄好麥克風，就會坐到鋼琴前把想到的東西彈出來。但這些不是一般那種試聽帶。他什麼錢都有了，大家也對他言聽計從。」

她說，王子基本上就是自己的製作人，可以全權作主。所以這跟一般狀況不一樣，王子不是要向製作人說明歌曲樣貌，或是帶領團員探索未知。他想做什麼全裝在腦袋裡，只要把泉湧的創

24　編注：即蘇珊・羅傑斯（Susan Rogers），曾任王子的音響工程師，現為伯克利音樂學院音樂製作與工程學教授。

25　編注：原名普林斯・羅傑斯・尼爾森（Prince Rogers Nelson），為美國一九八〇年代流行樂代表人物。

意用錄音帶記下來就好。所以不管錄音室舞臺傳出什麼聲音，羅傑斯一概錄下就對了。王子多才多藝，舉凡吉他、貝斯、鋼琴、鍵盤、合成器、電鋼琴、爵士鼓或各種打擊樂器，樣樣皆通。不論是他獨自在樂器間輾轉演奏或與樂團合奏，羅傑斯把每個音都錄下來，讓王子之後在細節、整合與編曲上繼續琢磨。她告訴我們，《女孩》（*Girl*）專輯裡的〈美國〉（America）全曲都是王子與樂團的現場錄音，而且一氣呵成，連續二十一分鐘沒有停頓，後來是因為錄音帶用完了才喊停。那次錄音就是最終版。反觀《流年之嘆》（*Sign o' the Times*）裡收錄的〈奇異關係〉（Strange Relationship），是在四年間一錄再錄才完成的。

據傳王子錄了幾千卷試聽帶，他的遺產管理委員會在他過世後發行的專輯《原聲帶》（*Originals*），收錄了其中十五卷，都是他從前寄給其他演藝人員的帶子，從他寫給肯尼・羅傑斯（Kenny Rogers）的〈你是我的愛〉（You're My Love），到手鐲合唱團（Bangles）的〈狂熱星期一〉（Manic Monday）都有。有好幾首歌，王子的試聽帶比其他藝人唱的更引人入勝（自然也更狂一點）。每一卷都聽得出他對歌曲走向的想法。《原聲帶》問世時，身兼鼓手、ＤＪ與王子鐵粉的奎斯特勒（Questlove）說，他很興奮，終於能聽聽「引擎蓋底下是什麼聲音」。

《綜藝》雜誌（*Variety*）有篇樂評說《原聲帶》是「紫色天神」（Purple One）[26]身後最出色也最好懂的專輯，整體緊密連貫且編選得極好，或許能說是他最重要的一張選集，原因是它讓我們得以一窺王子在一九八〇年代創作顛峰期的工作方式和想像力。

羅傑斯在一九八〇年代末期離開王子的錄音室，之後繼續當了二十二年製作人。從王子的天神錄音室回到凡間，試聽帶還是試聽帶，但也有所不同。

羅傑斯對我們說：「試聽帶是產品的原型，告訴世人你打算作怎樣的東西。它們本來就是不完整、未完成的，所以製作人能聽到的是最基本的元素——旋律、歌詞、節奏、和弦進行，有時或許還有和聲。這不是要示範正式版會有什麼，因為我們反正會砍掉重做，製作人也能根據試聽帶想像歌曲配上不同節奏或樂器編制、甚至換個不同的調會怎樣。」

她製作過最暢銷的歌曲是裸體淑女合唱團（Barenaked Ladies）的〈一星期〉（One Week）。她先聽過這首歌的基礎原型再重新發想，做出一番能吸引更廣大聽眾的風貌。

26 譯注：源於王子的名曲〈紫雨〉（Purple Rain）和同名電影，所以一般提到王子時，常用紫色來形容和代稱他。

她說：「身為製作人，你要把自己想成第一個在粉絲頁按『追蹤』的人。你是第一個聽眾，廚師試做新食譜時第一個試吃那碗湯的人。你要跟他們說心得：太辣了，或是口感怪怪的。接下來，製作人得負責思考這首歌怎樣最能打動聽眾，參考你的個人品味並綜合新鮮感和熟悉度。」

她剛開始與裸體淑女合唱團合作時，給他們捧場的觀眾以女性居多，所以她的目標之一，是為他們吸引更多男歌迷。她引導樂團在歌詞和唱腔上做微調，一些非常細部的調整，加上她自己說的「花很多時間東猜西猜」。

事實證明，羅傑斯有猜中樂透號碼的本事，她操刀的這張專輯賣得嚇嚇叫。製作裸體淑女合唱團這張專輯，尤其是裡面那首大紅大紫的〈一星期〉，讓羅傑斯付清了房貸，還在四十四歲那年圓了畢生夢想：念大學。後來她一路念到音樂認知心理學博士畢業。

她說：「工程和科學都是系統性思考的領域，這些人就愛鑽研膝蓋骨怎麼接到脛骨、又怎麼接到踝骨。一個點子剛萌芽，你就得把所有零件怎麼組在一起徹底想一遍。我朋友雕塑家提姆．巴克納（Tim Buckner）說，搞藝術創作的人一輩子都在解決問題。音樂創作也是，做音樂的商務面和創業也都一樣。你這輩子可能在職場走完一遭，還是沒見識過所有可能發生的問題，因為這些問題就跟人生一樣千變萬化。」

儘管王子為歌曲做的前幾版錄音已比大多數人都更洗鍊，試聽帶往往還是有種原始的親密感和發自肺腑的真誠。試聽帶最接近靈感乍現那一刻，可說是一首歌最純粹的形式。金光閃閃的一九八〇年代過後，試聽帶原始粗獷的風格反倒在一九九〇年代成為一種藝術理念，也就不令人意外了。諸如偶發節奏（Beat Happening）、比基尼殺戮（Bikini Kill）、天馬樂團（Sparklehorse）、人行道樂團（Pavement）、霧霾樂團（Smog）和超脫合唱團，都把試聽帶流露的真實無偽奉為圭臬，推出雜音頻傳的自製專輯。他們的目標不是零瑕疵，而是只有基本做工但真心誠意的歌曲，即使是專輯收錄的最終版，依然很接近原初的精神。

對這類樂團來說，奧斯丁市的詞曲創作人丹尼爾．強斯頓（Daniel Johnston）是很多人最初的啟迪。他是低傳真（lo-fi）樂界的先驅，刻意製作粗糙但極度個人的錄音，向當代重度加工的流行音樂說不。強斯頓的專輯不畏商業主義和旁人訕笑，保持一種童稚的單純，有種圈外樂手或素人天才的感覺。他用不穩定的嗓音唱出直白的歌詞，自我中心又誠意滿點，教人聽了既想哭又不禁嘴角上揚。強斯頓大半輩子默默無聞，一邊在麥當勞工作，一邊把試聽帶到處寄給別人聽，後來是因為柯本有次參加MTV音樂錄影帶大獎，身上穿的T恤印著強斯頓九年前發行的〈嗨，你好嗎？〉（Hi, How Are You?）單曲卡帶圖案，才讓強斯頓在異類樂壇一炮而紅。後續年間，烈火紅唇（Flaming Lips）、俏妞的死亡計程車、明眸（Bright Eyes）和貝克（Beck）等眾多樂團和藝人都翻唱了他的作品。

聽在那些做了一輩子試聽帶的藝人耳裡，強斯頓的歌曲雖不陌生，卻也像一種嶄新的創作手法。威爾可的主唱兼吉他手傑夫．特維迪（Jeff Tweedy）就說：「他的歌曲充滿潛力卻鮮少徹底發揮，然而他的東西或許就好在這裡。像我自己是詞曲創作人，聽到狀態這麼原始的音樂，真是精神一振。引人入勝的地方太多了。這些歌曲寬廣的可能性和開放的詮釋空間都好迷人。」

二〇一九年，特維迪發行了與強斯頓合作的專輯《芝加哥二〇一七》（*Chicago 2017*）。那是強斯頓生前在風城芝加哥的最後一次現場表演錄音，後來他因心臟病發，在五十八歲那年過世。專輯收益捐贈給他和家人發起的「嗨，你好嗎計畫」，一個促進心理健康議題對話的非營利組織。特維迪在一份聲明中表示：「世界上永遠只會有一個丹尼爾。能與他合作並協助推廣他的音樂，於我和整個樂團都是無比的榮幸，我們全體感激不盡。」

二〇一四年，特維迪告訴《大西洋》雜誌（*Atlantic*），強斯頓啟發了音樂人錄製真摯、原始又發自肺腑的歌曲。他說：「我自己寫作和填詞的時候常想到強斯頓。歌詞是種很難寫的東西，因為我認為歌曲是旋律在主導。我真的覺得一首歌的情感是由旋律扛起來的。我填詞或是拿詩改編成歌，最在意的是不要干擾旋律發揮的魔力。總之我就是不想搞砸它啦，希望自己別礙事。但同時我也希望，盡量啦，用文字加強一些意義，或多少釐清旋律帶給我的感受。」

特維迪自己就少不了試聽帶，那是他寫歌的基本材料。每首新歌他都會先錄個原始版，聽起來好像只是刷刷和弦再胡亂哼唱，然後他會就著試聽帶一聽再聽，從各種角度切入，再卯起來重寫他聽到的東西。他曾經上《金曲大解密》剖析自己的創作方式：

「我會哼一段完全沒歌詞的旋律，我們說這是『嗚嗚啊啊』。然後我會仔細反覆聽第一句，在筆記本上塗塗抹抹，想辦法弄出相同音節、相同韻律（的歌詞），寫到我滿意為止。我再把詞曲一起唱出來。」

特維迪在自傳《上路！（是為了再回來）》（*Let's Go (So We Can Get Back)*）裡面又解釋：「這種寫詞的方式會吸引我，是因為這讓我不會脫離一首歌初期的狀態，也就是我把它徹底想過又想通之前的那個樣貌。我不太相信自己能有意識地做最好的決定。我只是相信自己有能力投入一段過程、看看會做出什麼東西，再憑感覺和直覺反應。」

歌詞逐漸到位時，會有種衝擊和流暢的感覺，令人心情為之飛揚。起初那些字句好像只是胡亂抓來的，放進敘事的整體脈絡一起看，就會釋出更深刻的意義。

特維迪自己滿意之後，就把試聽帶拿給團員聽——不過這時並沒有拍版定案，他在歌曲還有很多發展可能、距離完成還差很遠的階段就分享了。這對有合作夥伴的人來說是很好的教訓：把靈感告訴合夥人或隊友還不夠，你得設法幫他們看見、聽見、感覺到你的想法，同時為他們保留共同創作的空間。之前提到的「過客旅社」創辦人、威爾可的貝斯手史蒂拉特告訴我們，等到試聽帶出爐，樂團成員開始為各自的樂器寫譜，還是會繼續這麼做。

「等我們拿到吉他彈唱的試聽帶，就開始構思我們各人的樂器能做怎樣的貢獻。我自己的想像不知會跟其他樂手的想像擦出什麼火花，這就是很好玩的地方。」

我們再次看到，關鍵在於盡快動手做，而且做個大概就好。

我能問我一個問題嗎？

草創原型或錄製試聽帶時，反問自己為何要做這個東西也很有幫助。這會讓你的想法有個重心，在你持續改良作品時，根據你當初想解決的問題來疊代。

特維迪的兒子史賓塞．特維迪（Spencer Tweedy）年方二十五歲已是才華出眾的鼓手，與梅維絲．斯戴普（Mavis Staples）、諾拉．瓊絲（Norah Jones）錄過唱片。他也自行創業，開了一家叫峽灣音源（Fjord Audio）的新公司，專門生產錄音器材的配件。不久前，我們翻閱《錄音實務》雜誌（*Tape Op*），恰好讀到一篇史賓塞的訪問。那本雜誌專門探討創新錄音技術，而他在文中說：「對我來說，不管做什麼事情，只要那涉及解決問題或是得考量很多不同的選項，都能叫作設計……結合了無意識的思考和超有意識的土炮，那些工作是我覺得最有趣的。」

一個樂手竟對設計侃侃而談？我們讀到這裡差點興奮地跌下椅子！於是我們聯絡上史賓塞，請他再多分享一點對「土炮」的看法，我們覺得用這個字眼形容藝人和創業家如何從做樣本起手，實在絕妙。史賓塞身材高大又頂著一頭亂糟糟的棕髮，講話時臉上掛著他父親羞澀的笑容，語速會隨著思緒逐漸加快。

他告訴我們：「我覺得寫歌和設計很類似，都是從渺小的靈感開始，起初幾乎完全是無意識的，後來才進入一個更反覆改良、更有意識的過程，你透過這個過程去蕪存菁。你不能把同樣的和弦段落重複放在一起太多次。你會用上從前編寫歌曲的全副經驗。」

史賓塞成立峽灣音源的方式也一樣。他說他從沒立志要創業，只是覺得有些產品製作得很用心又講究細節，雖然多數人覺得那些只是耗材，他自己卻很欣賞。因為他常待錄音室，於是興起了為錄音室做點什麼的念頭。他開始上網物色電子和音響零件，又雇用在芝加哥煉金術音源器材公司（Alchemy Audio）工作的朋友強尼・巴爾默（Johnny Balmer）來焊接測試樣品。

後來史賓塞因緣際會，在爸媽家得到突破性靈感。「我看到一條康威電線公司（Conway Electric）的延長線。康威在加州，這家公司真的很棒，他們用老式圓筒編織器為自家延長線做棉質線套，非常美觀。我就自問了：『為什麼錄音室沒有這麼好看的東西啊？我也可以把器材纜線做得這麼漂亮嗎？』所以我在 Instagram 傳訊給康威，問他們能不能生產錄音器材的棉纜線套。他們的老闆凱文・傅爾（Kevin Faul）幾乎馬上回覆：『你要幾英尺？』」

我們認識史賓塞之後，很欣賞他的謙虛和深思熟慮。在訪談進行時，他曾退後一步說：「有時候我會想要放棄算了，因為做配件感覺很微不足道。可是我覺得，不管最後的產量跟市場需求有多小，可以瞭解製作產品是怎麼一回事，也很值得。」

這個想法挑戰了他個人對於產品和過程、商品和創造力的信念。

「我的心態大概就是美國和西方文化預設的那種，一旦產品『完成』、成分都確定了，它的特質也就固定下來，成為一種形式。之後做出來的每件產品不過是再現那個形式。想想是奇怪，每件產品的獨立和獨特之處都被這種思維抹煞了，儘管它們看起來跟另一件是沒什麼分別。一件產品好像只有抽象上的價值和意義。然而說到音樂創作，我真的覺得過程也很有意義，那種自己做出一樣東西的體驗。這是跟我爸學來的：製作東西最重要的就是過程、就是整個人沉浸在創作當下，而不是為了以後有個東西做紀念。」

他將詞曲創作的心法套用於製作過程，也用於產品本身，花了一年多時間疊代峽灣音源的纜線和製作原型。

「我從測試樣品中主要學到三件事。首先是重量要對；我最初挑的電線太細了，最後用回一般的標準電線。第二，康威開發出一種塗層技術，讓電線棉套比較服貼又不容易髒，可是我覺得這害纜線比較難彎曲，所以我們得想辦法改良。第三，強尼已經是很厲害的焊接工和技師了，可是纜線接頭有些焊接點還是會在使用時斷裂。所以我們決定，以後組裝時要用熱縮管裹住焊接點。」

在開發產品的每個階段，史賓塞都會回頭思考最初那個問題：我們能創造一種品質精良又美觀的配件嗎？這也代表價格要合理，所以他不得不放棄一些成本高昂的點子。

「那時候我超想訂製一種能當收納盒重複使用的包裝。我用紙板做出一款原型，還聯絡了做紙托的廠商，可是開模實在太貴了。」他連創業資金都自行籌措。「我本來對於上 Kickstarter[27] 群募很戒慎恐懼，因為我超討厭跟親朋好友開口要錢，但最後決定把這當成在延伸計畫的創意。設計募款專頁、拍募款影片，可以順便學到很多東西。所以我跟我媽借用相機，給六款顏色的纜線樣本拍照。接頭都還沒焊上去呢，只是暫時套在纜線上面！」

疊代就是測試

查爾斯・伊姆斯（Charles Eames）和暱稱「蕾依」（Ray）的柏妮絲・伊姆斯（Bernice Eames）是二十世紀極具影響力的美國設計師。這對夫妻檔主要做建築和家具設計，走現代主義路線，但也反對許多現代主義設計師過於笨重的風格，改採簡潔又透著一絲奇想的設計。他們的事務所為家具史帶來幾件經典作品：造型討喜的細腳高腳凳，加裝皮革軟墊的美觀躺椅，運用高超工藝完美接合的彎曲夾板椅。

伊姆斯事務所還有一個地方很出名：在開發產品的設計階段，他們會大量且一絲不苟地製作原型，這是從芬蘭現代主義設計師埃羅・沙里寧（Eero Saarinen）學來的作法。沙里寧經常將設計概念拆解成基本元素（往往會有幾十個），再逐一針對每個元素反覆推敲幾十次。這是很驚人的作法，應用範圍也遠不只有產品設計：為了探索某個概念可以如何發展，你把這個概念拆解成最小單位，也就是組成某個整體的個別元素，而所謂整體可以是一套系統、你想達成的任何結果，

---

27 編注：Kickstarter 是美國知名的募資平台，項目包含產品創意專案。

或是一連串音符。每個單位一獨立出來，你就能研究操作或改變它的方法。每個元素自成一個原型，各有各的問題有待測試；每次成功或失敗都會帶來一個答案。而這其中，應該包含著一個你相信會有用的元素。

二〇一七年十月在舊金山，麥克與IDEO其他合夥人搭上巴士前往索諾瑪郡（Somona County），參觀伊姆斯夫婦的孫女麗莎・伊姆斯・迪米崔歐斯（Llisa Eames Demetrios）的家。自從蕾依・伊姆斯在一九八八年過世，麗莎便著手蒐集伊姆斯事務所的文物並整理歸檔，借給世界各地的博物館展出。她讓我們看她收藏的海量家具原型：一張又一張不同版本的玻璃纖維椅、各種形狀的壓模夾板，還有等比例模型，都能輕易看出是伊姆斯某個經典設計的前身。她家有個穀倉改造的附加空間，裡面有個長廳放了好幾張桌子，上面整整齊齊擺滿接頭和扣件，教人嘆為觀止——這些零件都裝在家具底部，通常不會有人去注意。它們彼此之間略有差異，看得出來設計師隨著材料和產製技術的改變，也將每個設計靈感加以改良：這是伊姆斯的作品一路走來，DNA不斷進化所留下的痕跡。

回到主屋，我們與麗莎在客廳裡聊天。最近她剛把爺爺生前一個系列演講的盤帶錄音轉成數位檔，想讓我們聽聽看。這些演講是在一九七一年，哈佛大學的查爾斯・艾略特・諾頓詩學講座（Charles Eliot Norton Professorship of Poetry）聘他擔任年度講師時發表的。一個建築兼設計師獲頒詩學獎助金，好像有點奇怪，不過哈佛對「詩學」的定義非常寬廣，他們也很推崇化靈感為實體作品的藝術。聽查爾斯親口把他的想法說出來，用那種充滿哲思的抑揚頓挫跟你分享，是很刻骨銘心的體驗。

在一段問答時間，有人問到他的事務所怎麼有辦法拿那麼多大獎。查爾斯沒有一笑置之或自鳴得意，而是回顧他與沙里寧合作的經驗，揭開他工作過程的神秘面紗。

他說：「我就不藏私，跟你們說訣竅，你們拿去用沒關係。我們會把設計案仔細看過，拆解成最基本的元素，通常有大概三十個吧，接著一個不漏，把每個元素研究個一百遍。然後我們把元素排列組合、再把這些組合研究個一百遍，同時盡量保留之前得到的優點……然後再研究這些組合能做怎樣合理的組合。」

你能想像那個數量嗎？舉個例子：為了找出弧形木板和金屬細椅腳的理想比例，伊姆斯事務所試了三千種組合，又針對最理想的幾個組合再研究了一百次。你當然可以說他在吹牛，不過麗莎穀倉裡的收藏能證實他所言不假。

當你在「土炮」的時候，不妨考慮將某個點子拆成基本元素，但要記得，不能只就個別元素單獨考量，一定要根據整體脈絡檢視。拿最有發展潛力的元素作組合，再選出最有發展潛力的組合，你就差不多達到低標了——一個全新的起點。伊姆斯事務所能一枝獨秀，是因為他們願意在原型階段就試遍每一個選項。到了一定程度，你為了繼續下去一定要做個抉擇，也才能確定方向正確。不過你花愈多時間玩味每個可能的選擇、愈是耐住性子做實驗，成果也會愈接近理想。

失敗只是一時

愛迪生（Thomas Edison）為了發明全世界第一枚鎳鐵電池，花了五個月鑽研卻一無所獲，據說他曾為此辯稱：「我一次也沒有失敗，而是找到了一萬種行不通的方法。」愛迪生或許是在玩文字遊戲，不過他懂得疊代時免不了會失敗的道理。從很多書籍文章可以見得，很多企業依然痛恨失敗，可是藝人知道，說到創作，失敗其實難能可貴。

詞曲創作就像商業創新，作品的價值會隨著不斷疊代而增加。藝人研究一個簡單的句子或和弦進行時，會一點一滴逐漸發展，而不是匆匆趕著寫完。在商場上，動手執行一個計畫跟做試聽帶很像，其實向投資人提案也是，都是在運用原始素材模擬產品或服務的樣貌。你在測試想法是否可行時，那個不斷做模型、試用各種方法再去蕪存菁的過程，都會幫助你更切合實際。

音樂人對於犯錯、失敗和碰釘子也不陌生。畢竟樂壇就是個一天到晚讓人碰釘子的產業：你會否決自己覺得不太對勁的點子，唱片公司會拒絕你的專輯，觀眾會嫌棄你的演出。你要麼放棄，要麼改良一下再出發。這過程既教人謙卑，也使人茁壯。失敗再不濟也會踢爆你的自以為是、證明你的東西並不管用；至於失敗最大的優點，是帶來令人眼睛一亮的突破。

電台司令（Radiohead）在一九九七年發行《OK電腦》（*OK Computer*），締造了改變搖滾樂的劃時代成就。這張專輯結合了繁複的吉他演奏，堪比交響樂的編曲，精微的數位工法，並挑戰了既有歌曲結構，甫推出即為九〇年代的消費與物質主義寫下時代註腳，冷酷地預言科技將在二十一世紀無孔不入，卻也是私密的自我剖白。《OK電腦》幾乎橫掃當年所有最佳專輯榜的冠軍。樂團成員雖然無意以此自居，還是成了搖滾樂偶像。

聽在電台司令的樂迷耳裡，《OK電腦》最突出的地方在於：這跟他們從前的作品迥然不同。他們的首發專輯《親愛的派伯諾》（*Pablo Honey*）帶來一首超級暢銷的〈怪胎〉（Creep），曲中流露的憂傷自嘲令他們獨樹一格。這個樂團另類得精彩，初試啼聲後，被人不太恰當地喻為英國的超脫、珍珠果醬（Pearl Jam）、音園（Soundgarden）等，也就是當時剛興起的油漬搖滾（grunge rock）流派。電台司令第二張專輯《彎曲》（*The Bends*）更為成熟，歌曲悅耳動聽、編曲高明，但大抵仍不脫簡單直接的刷吉他、唱搖滾。所以說，《OK電腦》煥然一新的聲音是打哪來的？答案是他們投入了大量時間疊代、測試，並且一再失敗。因為他們頭兩張專輯賣得夠好，所以唱片公司同意由他們主導創作，容許他們開闢一個「實驗室」，不過說遊戲室或許比較貼切。根據電台司令主唱湯姆・約克（Thom Yorke），開闢「搞怪空間」不只是這張專輯創作的關鍵，他也非常樂在其中。

英國女演員珍・西摩兒（Jane Seymour）有一座占地五、六公頃的豪華莊園，位於英格蘭南部的僻靜鄉間。當時怪人合唱團（The Cure）剛在那裡錄完《願望》（*Wish*）專輯，電台司令隨即帶著全副器材進駐，同行的還有錄音師兼製作人奈傑・戈德里奇（Nigel Godrich），《彎曲》有幾首偏實驗性的歌曲就由他操刀。他們在那裡駐點兩次，每次為期三週，盡情實驗各種點子和聲音效果。

電台司令吉他手艾德・歐布萊恩（Ed O'Brien）告訴《滾石》雜誌：「重點是我們不想進傳統的錄音室。我們覺得轉移陣地可以創造專屬於我們的空間。」

對電台司令來說，這就像家裡沒大人，可以毫不設限地放手創作。他們寫歌時會從一個房間移到另一個房間測試音響效果，器材線在滿屋子裡牽得亂七八糟。舞廳的地板和牆面鑲板都是木頭做的，還掛了好大一幅中世紀織錦畫，音響效果非常優美。圖書室堆了滿牆的藏書，嬰兒房則擺滿柔軟的填充玩具，這兩個地方收到聲音也比較柔和。主屋後面另有一棟裝飾性的溫室，約克就在玻璃牆環繞之下錄製〈偏執人形〉（Paranoid Android）的人聲演唱。

他們的實驗不僅止於空間音效。〈業力警察〉（Karma Police）用了一段機器運轉的音效，是一座冰箱發出來的。約克用電視播放電影《禿鷹七十二小時》（*Three Days of the Condor*），錄下其中幾段對話作為素材。專輯第一首歌曲是〈安全氣囊〉（Airbag），裡面鼓聲的靈感來自魅影ＤＪ（DJ Shadow），對電台司令來說也是創舉：約克先應戈德里奇要求錄了一個反覆段落，戈德里奇拿進一片死寂的房間做混音，滿意之後才交給吉他手強尼・格林伍（Jonny Greenwood），格林伍又用效果器加工一遍。最後他們沒用上所有實驗結果，但歌曲還是保留三種失真和其他效果的鼓聲。只要他們覺得新奇有趣，不管想到什麼點子、聽見任何聲音，都會放手去試，單純想看看會有什麼結果。套用史賓塞的話來講，這就是在土炮。

《OK電腦》問世二十年後，電台司令自助發行了一套紀念典藏盒裝版，附有約克在那段期間的手寫日記，還有一張九十分鐘的選輯，收錄未曾發表的試聽帶和音效實驗。後來有個電腦駭客偷走約克的一顆硬碟，向樂團勒贖十五萬美元，否則就上網公開硬碟裡超過十八小時的錄音。結果電台司令決定自己發行這些錄音，將銷售盈餘捐給非營利環保組織「反抗滅絕」（Extinction Rebellion）。總而言之，從《OK電腦》徹底的實驗可以見得，這個樂團有不設限的好奇心，肯冒失敗的風險，也肯下功夫一再疊代到滿意為止。

從這些額外的錄音檔聽得出來，《OK電腦》當初差點就變成另一張《彎曲》。例如〈電梯〉（Lift）、〈帕羅奧圖〉（Palo Alto）等多首非主打歌曲，其結構與流行風濃厚的鉤引點，都神似早先的作品。他們側錄了好幾次〈安全氣囊〉的現場演出，很多次聽起來竟然很像一九六〇年代的迷幻即興樂團，因為他們好像一邊表演、一邊想歌該怎麼寫，自顧自沉浸在長達十分鐘的電風琴獨奏裡。從那好幾小時的實驗錄音，倒也能一窺電台司令是如何做出新的音效。不是所有的嘗試都有用，尤其是那些又臭又長的電風琴即興。也不是所有的嘗試都和個別歌曲明顯相關，就算和專輯整體的美學也沒太大關係。不過其中幾段錄音還是有跡可尋：例如典藏版收錄的音效實驗〈ZX Spectrum〉[28]，是把合成器嗶嗶啵啵的數位音訊，像合唱聲部一樣疊加起來，好像一連串豐富又多層次的琶音，但組成元素很重複，跟他們賴以成名的吉他主奏風格天差地遠。不過《OK電腦》收錄的〈放下吧〉（Let Down）在曲末用了這段聲音，有種閃爍不定的效果。

或許愛迪生說對了：世上沒有失敗這回事。或是換句話說：即使看似失敗，也不該拋棄。每個導出新東西的原型測試都很可貴。每當你做試聽帶、疊代和測試的時候，別忘了電台司令那十八小時的實驗錄音。他們在那段期間挖掘到的許多音效，直到後來才理出頭緒，在日後多張專輯獲得妥善利用。〈真愛會等待〉（True Love Waits）就在事隔二十年後才完工問世，恰如其名。

28 譯注：八〇年代美國 Sinclair 公司生產的一款古早電腦。

一切都是測試版

在我們這個數位世界，公開測試已是常態。快閃餐廳、單季限定商店，小型的××祭——這些活動的原理都跟試聽帶沒有兩樣。科技產品大多永遠處於測試版，隨著顧客的使用心得不斷改良並推出更新。抓住某個靈感的重點、動手實做，直接讓目標受眾試用，再從過程中的難點和契機獲得第一手經驗。

從當年第一具 iPod 到今天最新版的 iPhone，我們要是把蘋果的每項產品想成是一整個連貫的試做和開發過程，完全合情合理。想想那個現在已經遜掉的「首頁鍵」（home）吧。第一代 iPod 在二〇〇一年問世時，它的觸控滾輪震懾了使用者。iPod 的外觀或許是向博朗公司（Braun）的電晶體收音機致敬，然而蘋果的設計師發現，音樂播放器的每項功能，都能用一枚滾輪和周圍的按鍵執行，於是推出青出於藍的設計。隨著每一代 iPod 上市，上面的滾輪和按鍵都更順手好用。第一代 iPhone 保留了首頁鍵，滾輪則完全由觸控螢幕取代。一直以來，蘋果都致力移除使用者體驗裡的中介科技，所以過了幾年，iPhone 連首頁鍵也拿掉了。畢竟賈伯斯總在追求最自然的人機操作介面，最好是一根手指就能全部搞定。這種永遠處於測試版的思維也為優步、臉書、推特、愛彼迎（Airbnb）和更多科技業巨頭所採用。Square 公司那面牆上只掛了十三個刷卡機原型，背後其實另有幾十幅他們考慮過的設計草圖，其中包含一具橡實造型的刷卡機，畢竟這家公司原本叫做「松鼠」（Squirrel）嘛。

以上每家公司提供的程式或服務永遠沒有「最終版」。每次推出的新版都是從前一代發展而來，也將是下一代的基礎。帕諾斯自己創立的標音公司（Sonicbids）起初是為了滿足一個很小眾的需求，後來經過一再疊代，成長為獨一無二的全球性平台。帕諾斯剛入社會時是做人才仲介，曾與妮娜·西蒙（Nina Simone）、派特·麥席尼（Pat Metheny）、奇克·柯瑞亞（Chick Corea）、李歐納孔（Leonard Cohen）等多位巨星共事，不過他也遇過很多初出茅廬的音樂人，他們雖然才華洋溢，還是得苦苦尋找演出機會。他打給很多音樂會主辦單位推薦這些樂手，卻無法簡單快速地分享他們的作品。那時是二〇〇一年，數位下載尚未普及，YouTube 或 SoundCloud 也還沒問世，所以他只能在電話上口頭形容，並答應寄 CD 給對方欣賞。你可以想像帕諾斯砸了不知多少錢寄 CD，自己也被樂手寄來的材料淹沒，畢竟人家也急著找登台門路。最後他只好告訴年輕藝人，要是他們不能為一晚的演出自備至少三千美元，那就謝謝再聯絡。這對新人來說是荒謬的成本，也是一大打擊。帕諾斯心知要為新人和主辦單位牽線，得有更好的辦法，要建立一個共同平台才行。

於是他動手建了一個。標音是一個線上媒合平台，樂團可以在那裡建立檔案，放上簡介、照片、得獎紀錄、表演經歷——這種網路轉型重新定義了樂團找到演出機會、與觀眾連結的方式。

標音的第一代平台只是個初期測試版，真的是在廚房餐桌上弄出來的，資本是靠帕諾斯刷個人信用卡和親友出錢，因為他拿不出實體動產做抵押，沒有銀行肯讓他開商用帳戶（想想二十年間世事的變化有多大！）。不過他還有一大挑戰：要怎麼讓合適的對象加入平台呢？這是個經典的雞生蛋、蛋生雞的問題：先有藝人，還是先有演唱會主辦單位？於是他收拾了一個塞滿行銷材料的包包，去德州參加西南偏南音樂節（South by Southwest Music Festival），並使出從前擔任人才仲介的渾身解數。他與演唱會主辦單位洽談時提出一個優惠方案：他們只要在標音登徵人啟事，他就幫忙支付他們簽約前五個樂團的費用。五場免費表演？主辦單位當然一口答應。

他的測試版平台瞬間熱門起來。每天都有表演工作成功媒合。到了二〇一三年，標音被古根漢合資公司（Guggenheim Partners）出資的一筆交易收購，隨後併入該公司旗下的告示牌音樂集團

（Billboard Music Group），成為世界各地樂團和主辦單位媒合的首選。標音的會員有超過五十萬個樂團和三萬五千家主辦單位，在一百個國家共促成超過一百萬場表演。標音也成為很多活動的獨家合作平台，例如奧斯丁的西南偏南、波納羅音樂藝術節（Bonnaroo Music and Arts Festival），西雅圖的雨傘音樂節（Bumbershoot Music Festival），紐約的ＣＭＪ音樂馬拉松、密爾瓦基的夏日音樂節（Summerfest），還有其他許多活動。諸如魯米尼爾（Lumineers）、躁動陷阱（Temper Trap）、麥可莫（Macklemore）和拱廊之火（Arcade Fire），都透過標音拿到首演機會。

這一切全始於一張試聽帶、一個原型、一個測試版。

誰人擋得住我[29]

肯伊．威斯特（Kanye West）是美國饒舌藝人、歌手、製作人和創業家。他製作《巴布羅的一生》（*The Life of Pablo*）這張專輯的過程，為「測試版永無完成之日」的概念更添新意，那也是他口碑

29 譯注：此為肯伊．威斯特的歌名（原文：Who Gon Stop Me）。

最好的專輯之一。他在數週期間為這張專輯接連做了三種版本，每一版都別具特色，並且為專輯的樣貌保留了極大的彈性，幾乎到發行那一刻都有改變的可能，所以這也不失為一窺他創作過程的絕佳窗口。

威斯特為了改變形象，想推出一張「福音饒舌」專輯，一種「活生生、會呼吸、不同以往的藝術表現」，比他過去的唱片有更多正能量且更富感情。不過細節還是有討論空間，也可以持續疊代。第一版專輯上市前幾月，威斯特在社群媒體釋出歌曲片段，勾起聽眾的興趣。粉絲知道他發表的東西有些並不會收進專輯，於是開始卯起來猜測哪些會打進最終版。他也利用推特公開討論專輯名稱，徵求粉絲意見：結果大家最喜歡《巴布羅的一生》，其次還有《求神相助》（*So Help Me God*）、《SWISH》和《浪花》（*Waves*）。

威斯特這人是有很多可以批評的地方[30]，但沒人會說他本事不夠，得靠別人助唱[31]。他為那張專輯公開測試不同的點子，後來他在紐約麥迪遜花園廣場為個人服飾品牌 Yeezy 3 舉辦上市發表會時，在場中完整播放了專輯的第一版。隔天早上他回到錄音室，只有三天時間就得疊代出第二版，因為他已經答應在串流平台 TIDAL 做獨家首播。他的好兄弟傑斯是 TIDAL 的老闆，威斯特則是大股東。所以他抽換歌曲、改寫歌詞，做了大刀闊斧的改變。這個 TIDAL 獨家版跟第一版聽起來很不一樣，感覺也不一樣。粉絲也注意到了，讓它成為史上第一張創下白金紀錄的純串流專輯。

不過威斯特沒有就此歇手。在開心的聽眾矚目之下，他重回錄音室，為普及版做了更多編修。《巴布羅的一生》獲得五項葛萊美獎提名，而它在 TIDAL 以外的串流平臺上架之後，首次登上美國告示牌兩百大專輯榜（US Billboard 200）榜首。

《巴布羅的一生》在封面印了一行「哪／一個」（which/one）。威斯特知道這張專輯的一大魅力就是沒有最終定案。說到底，音樂的世界少有絕對的對錯法則，也沒有最終版可言。試想，樂團是怎麼數十年如一日地表演招牌歌曲，在每場演唱會都帶來新的詮釋。每首歌曲錄製發行後，遲早會有另一個樂團來翻唱，或成為新歌的取材對象。

對創業家來說，這不只是寶貴的教訓，更是一種思考這個世界並在其中走跳的方式。每一個

30 編注：最有名的莫過於二〇〇九年 MTV 音樂錄影帶大獎上，泰勒絲上臺發表得獎感言，肯伊・威斯特卻搶下麥克風並做出不當發言的事件。

31 譯注：這邊的原文為「hype man」，類似相聲裡幫忙捧哏的那個人，與主唱搭配，幫忙炒熱氣氛、讓表演更精彩。

創意靈感都有如在向世界提問，你要是堅信這問題只會有一個正確答案，豈不太無趣了。我們要是知道事情永遠有改進辦法，意外的挑戰和契機轉眼就來，等著你去探索，不是新鮮有趣得多嗎？想要力抗改變的公司是在違逆現實，而現實往往亂無章法、永不停息，也妙不可言。說到製作原型、錄試聽帶、疊代更新、實際測試，只要我們知道這是個沒有終點線的過程，就是我們大顯身手的時候。

推薦曲目

間奏四

藍儂簡單的吉他伴奏，王子完美的編曲，傑克森粗糙卻仍洗鍊的草稿版，還有史普林斯汀跟最終版簡直完全兩樣的試聽帶。這份歌單讓我們聽見藝人如何透過試聽帶表達創作意圖。〈為錢起舞〉（Dancing for Money）裡面一直嗚嗚啊啊的那個人比較奇特一點，他就是樂團主唱大衛・拜恩（David Byrne）。

歌單

〈草莓園〉（Strawberry Fields）試聽帶／披頭四合唱團（Beatles）
〈閃開〉（Beat It）試聽帶／麥可・傑克森（Michael Jackson）
〈跳舞吧〉（Let's Dance）試聽帶／大衛・鮑伊（David Bowie）

〈為錢起舞〉（Dancing for Money）（未完成片段）／臉部特寫合唱團（Talking Heads）

〈勒戒所〉（Rehab）試聽帶／艾美・懷絲（Amy Winehouse）

〈生在美國〉試聽帶（Born in the USA, Demo）／布魯斯・史普林斯汀（Bruce Springsteen）

〈真是抱歉〉（All Apologies）試聽帶／超脫合唱團（Nirvana）

〈她是果醬罐〉（She's a Jar）試聽帶／威爾可合唱團（Wilco）

〈華爾滋一號〉（Waltz #1）試聽帶／艾略特・史密斯（Elliot Smith）

〈狂熱星期一〉試聽帶／王子（Prince）

〈男人的愛〉（Geezer Love）／史賓塞・特維迪（Spencer Tweedy）

深度聆聽：有些藝人太愛自己的試聽帶，最後拿來當成專輯發行。聽聽看史普林斯汀的《內布拉斯加》（*Nebraska*），這是一張極度個人的專輯，是他在家花了兩天、用自己的四軌錄音機錄成的。還有拉瑪的《原生嘻哈》（*Untitled Unmastered*），收錄的是他製作《美國蝴蝶夢》（*To Pimp a Butterfly*）專輯期間錄的試聽帶。

第五章
製作：帶出別人最好的表現

我不在乎演奏出來的東西，我在乎的是演奏的人。我希望那個人把他全副的愛、整個人、整顆心都投入在他做的事情上面。

——提朋．柏奈特

前面幾章裡，我們都在強調音樂人是靠哪些思維實踐靈感，不過還有一種思維也不脫關係，那就是幫別人達成願景、攀上創作高峰的製作人思維。「製作人」（producer）一詞隨著嘻哈音樂廣為人知，不過在大眾文化中，因為電影的關係，大家對這個詞早已不自覺耳熟能詳。「製作人」究竟是什麼意思？如果你看電影也把片尾名單看完，常會看到一連串的製片人[32]，分別負責財務管理，協調各家製作公司，規劃實際拍片流程等。獨立電影的製片人往往比好萊塢電影來得多，例如李．丹尼爾斯（Lee Daniels）的《白宮第一管家》（*The Butler*），至今仍是製片人人數的紀錄保持者，總共有五名製片人、十七名執行監製（executive producer）、六名聯合監製（coexecutive producer）、四名聯合製片人（coproducer），還有七名協同製片人（associate producer）！[33]

在音樂產業中，製作人扮演的角色稍有不同。近十年來，這個頭銜總讓人聯想到嘻哈或饒舌樂壇的伴奏高手，他們經常與人聯手創作，例如提姆巴蘭（Timbaland）、迪波洛、菲董、德瑞克（Drake）。大抵而言，製作人就像電影導演，是那個監督作品創作過程所有面向的人。

有些製作人以鐵腕作風聞名，他們對藝人嚴加控制，主導錄音過程並決定專輯歌曲，哪些樂句和反覆段落能留在最終版也由他們來挑。每個環節都看得到他們的影子。霸王製作人只想做自己那個版本的歌曲和專輯，不達目的誓不罷休，也留下不少傳奇故事。菲爾・史佩克特（Phil Spector）是入選搖滾名人堂（Rock and Roll Hall of Fame）的傳奇製作人，他就對每張專輯都要求絕對的創意主導權，即使合作藝人是不世出的天才也一樣，例如他製作過正義兄弟（Righteous Brother）的歌曲〈愛意不再〉（You've Lost That Lovin' Feelin'），雷蒙合唱團（Ramones）的《世紀末》（*End of the Century*）專輯，還有藍儂的名曲〈想像〉（Imagine）。眾所周知，史佩克特為了達成個人對完美的追求，會不擇手段逼迫藝人，曾經揮舞槍枝、把樂手踢出錄音室，好讓他不必理會別人意見，一手把歌做完。他專橫到最後終於失控，殺害了一名拒絕他求歡的女演員，被判處十九年徒刑到終身監禁。這位老兄顯然不是好榜樣。

然而，你要是曾在運作不良的組織待過，就是高層全權掌控，鼓勵「不聽我的就滾蛋」這種領導風格的地方，史佩克特的作風（手槍除外）於你而言可能十分熟悉。幸好這類公司在今天沒

---

32 譯注：影劇界習慣稱 producer 為「製片」。

33 譯注：又稱總監製、副製片人等。此一連串 Producer 相關職位，在中文世界裡的說法並不統一，故採用網路資料最常出現的譯名。

那麼常見了（或是倒光了）。今天的商業世界已經轉向全球化的虛擬市場，全天候不打烊，公司也由不同世代、價值觀各異的員工組成，領導方式隨之更靈活多變。執行長和主管仍要負責決策，但也曉得與其大權在握、不如賦權他人。他們會去瞭解同僚的工作動機並由此著手，基於信任來領導下屬。

在樂壇，較為靈活的手腕也證實非常有效。諸如肖克利、柏奈特、艾爾文，這些製作人之所以成就斐然，是因為他們以樂手的業師、顧問和教練自居，協助藝人拓寬眼界，達成不同以往的成長，與世人分享創作。他們綜觀當下一切可變因素，然後剪裁收邊、修飾嫁接、塑造雕琢，讓那一刻展現最好的樣貌。本章，我們就來看看這三位製作人和美國商人與創業家史帝夫．史托特（Steve Stoute），跟他們學學如何讓你自己和工作夥伴締造最佳成績，而不是死板地逼別人照章行事。

為自己做到最好，然後與世人分享

肖克利是美國嘻哈團體人民公敵（Public Enemy）的創團元老，也是製作團隊「炸彈小組」

（Bomb Squad）的成員。他曾在Def Jam唱片公司與瑞克・魯賓（Rick Rubin）和羅素・西蒙斯（Russell Simmons）共事，為ＬＬ酷Ｊ（LL Cool J）、BBD三人組（Bell Biv DeVoe）和EPMD製作專輯，為彼得・蓋布瑞爾（Peter Gabriel）和辛妮・歐康諾（Sinéad O'Connor）的專輯混音。當我們問肖克利在錄音室是怎麼工作的，他馬上從宏觀的角度談起。

他告訴我們：「你要是綜觀全宇宙所有的物質，那只等於所有已知能量的百分之三。所以說，宇宙有百分之九十七是空無一物，我們管那叫太空（space）。太空裡有無限的能量。我們對那些能量所知不多，因為沒人教我們怎麼面對它。我們為什麼會覺得那裡空無一物呢？是物質定義了太空，還是太空定義了物質？我是覺得，小者的意義永遠視大者而定。我想開發的是太空。不論我做什麼，都想讓太空的能量來引導我。」

聽起來可能很玄，不過肖克利實踐起這個理念確實很有一套。在肖克利任職期間，Def Jam 簽下了紐約布朗克斯區（Bronx）的饒舌歌手滑頭瑞克（Slick Rick）。瑞克在錄音室裡是出了名的固執己見，想法也頗有爭議。他與唱片公司鬧得不可開交，不論魯賓、西蒙斯或賴瑞・史密斯（Larry Smith），沒有一個高層製作人能和他達成共識。雙方歷經一年多的僵持，肖克利說他決定換個方法介入。這個方法反應出他對那百分之九十七未知能量的追求，而且成果輝煌：《滑頭瑞克大冒險》（*The Great Adventures of Slick Rick*）爬升到《告示牌》嘻哈榜第一名，成為銷售破百萬張的白金大碟。

「我那時候是決定，他對創作有怎樣思維、想克服什麼挑戰，我就不干涉了，並且在這樣的情況下去調整他的唱片。瑞克的主見很強，完全知道自己想做什麼，所以我不去主導，而是告訴他我會順著他的意思。我成了他的助理，所以事情總算成了。那之所以是他最好的唱片，是因為我讓他作自己。我不是去管他那個人，而是管他周遭的環境。」

的確，傑出的製作人應該幾近神隱或透明，因為他的所作所為全是為了藝人、為了開闢空間讓藝人大展身手。肖克利的品味在樂壇很有影響力，他的經驗也價值千金，不過他關注的還是藝人跟藝人的創作計畫——他會跟藝人深談，傾聽他們的心聲，為他們化解可能有礙創作的疑難雜症和自我懷疑，幫助藝人發揮靈感並探索成長之道，端出最佳作品。

我們聽著肖克利娓娓道來，深感共鳴，因為我們自己工作時常有類似的感觸。團隊之所以締造最佳成績，不是因為我們自己一手支天，反倒是全體一起成功，也是我們個人最成功的時候。

這真的不是老調重彈，說到領導力，說到如何創造理想條件助人大放異彩，這個教訓實在重要。這關乎建立文化、給予明智建議，並且就像肖克利說的——幫別人一把。你要是有幸擁有一支明星團隊，成員個個都是有志向、有幹勁的人才，這一點更是格外真切。他們最不需要的就是覺得被人管得死緊。你得讓手下知道，你的初衷就是為了幫他們盡情發揮、有所成就。

麥克剛升上領導職的時候，沒拿自己從前在樂團的管事風格當範本，反倒仿效自己跟過的上司，只可惜他們的作風不是肖克利說的那種。所以他像從前上司待他一樣，也濫用職權：逼別人加班到七晚八晚以表忠心；批評別人的意見，因為他認為自己身為主管的見解理應更棒；將員工視為工具，而不是一起發揮創意的夥伴；甚至還因為職等比人高就搶人功勞。

麥克花了多年時間才擺脫這些行為。即使到了二〇〇八年，他在ＩＥＤＯ的第一年也起步得不順利，還好有個真心關切的同事看不下去，在麥克有次虧待團隊時點醒了他。那天麥克的行程很緊湊，於是他走進一間專案討論室瞄了一下，劈頭批評兩句就轉身離開。文創產業管這種領導作風叫「天外飛來炸屎」，就像小鳥會幹的那樣啦！專案主管尾隨麥克來到走廊上，請麥克留步坐下談談，然後說：「大哥，剛才那樣很不上道欸。你一個問題也沒問。你根本不知道大家現在進度到哪裡、他們又希望你在哪邊給意見。這樣太打擊大家士氣了。在這裡不能這樣哦！」聽在麥克耳裡，這番話有如醍醐灌頂。他醒悟到自己犯了大錯，立刻回去跟整個專案團隊道歉。從前他跟過的主管都是那副德性，不過在他現在這個新職位，不能再要求別人一個口令、一個動作。

透過這樣的互動，也幸虧有多位高明的業師指點，麥克總算開竅：最有助於發揮創造力的環境，是讓人人都獲得關懷重視，而不是由一個愛被動攻擊的暴君主導，要用什麼點子由他說了算，每個人拼死拼活只為達成他的期望。他開始仿效新的處事原則：多問少答，確保設計師有好好照顧自己，協助同僚投入能推升個人創造力、強化個人創作的興趣。在商場上，我們很容易把別人當成解決個人問題的工具，而不是合作面對難題的同伴，導致有辱對方尊嚴，所以麥可也開始優先重視合夥人的人性。他逐漸領悟到自己該做的是管理公司的文化，而不是管理員工，這不只能在職場啟動更深層的創造力成長，對我們領導人也是比較理想的工作方式。

找到他們最初的愛，衷心與人分享

柏奈特是美國樂手、詞曲創作人和製作人，最初在一九七〇年代擔任巴布·狄倫樂團的吉他手而嶄露頭角，後來他的詞曲創作獲奧斯卡獎肯定，擔任製作人也數度贏得葛萊美獎（十三次）。他曾與眾多藝人合作，例如艾莉森・克勞絲（Alison Krauss）和羅伯・普藍特（Robert Plant）、數烏鴉合唱團（Counting Crows）、皇帝艾維斯（Elvis Costello）、吉蓮・威爾許（Gillian Welch）、葛瑞格・歐曼（Gregg Allman）、約翰・麥倫坎（John Mellencamp）、灰狼一族合唱團（Los Lobos）、洛依・奧比森（Roy Orbison）。此外他也為電影譜寫配樂，例如《冷山》（*Cold Mountain*）、《瘋狂的心》（*Crazy Heart*）、《霹靂高手》（*O Brother, Where Art Thou?*），以及強尼・凱許（Johnny Cash）傳記電影《為你鍾情》（*Walk the Line*）。我們在二〇一〇年五月訪問柏奈特，請他分享管理、領導和激勵合作對象的經驗。

他告訴我們：「說『製作』真是奇怪，因為所謂製作根本就是合作。我看過不知多少次，製作人真的杵在樂手身後，從肩頭盯著人家的手。久而久之樂手一根手指都動不了了，這樣緊迫盯人實在太瞧不起人。人家有什麼潛力都被你搞沒了。」

他說：「信任是最重要的，藝人要是不信任製作人，就會貶低製作人的威信、削弱製作人的能力，使他們再也幫不了藝人。換成製作人不信任藝人，會打擊藝人的士氣。所以要是缺乏信任，打從一開始就沒必要談合作。」

柏奈特剛開始當製作人時，把每具樂器的聲部寫得清清楚楚。他能在腦袋裡聽見全部的聲音，也以為完全知道自己想要什麼。但後來就跟麥克在ＩＤＥＯ很像，因為一次遭遇，他才發現這是在害別人施展不開。當時他跟福音鼓手大師比利．麥斯威爾（Billy Maxwell）合作，結果他指導棋下過了頭，麥斯威爾停下來說：「你要是完全知道你想要什麼，怎麼不自己演奏就好？」麥斯威爾口氣沒有很衝，也不沮喪，只是實話實說。

「比利的演奏實力比我強一萬倍吧，我在那邊拼命指點他咧。那是五十年前的事了，可是我從沒忘記。這件事讓我轉了念。我醒悟到製作唱片有點像攝影，你想看到拍攝對象最棒的角度，為他們打最好的光，或是捕捉到他們最最真實的一刻。」

要找到藝人最棒的角度有很多方法，不過柏奈特堅持，最重要的是回歸藝人本身，練習還在其次。

「他們彈出什麼音，甚至他們音唱得準不準，都未必有關係。我講很多年了，我不在乎演奏出來的東西，我在乎的是演奏的人。我希望那個人把他全副的愛、整個人、整顆心都投入在他做的事情上面。這個道理是，你得盡可能用心聽，才能帶出藝人最好的表現，而不是當背後靈盯著他有沒有彈對。」

這番話從柏奈特口中說出來，真是很大的啟發，因為他享譽樂壇的就是有神奇的本事，能挖掘到藝人真實的瞬間並透過作品長存。二〇〇七年的《聚沙成塔》（*Raising Sand*）就是個突出的例子，這是由齊柏林飛船主唱普藍特、草根藍調女伶克勞絲合唱的專輯。美國國家公共廣播電臺（NPR）一篇樂評提到，雖然這兩個人感覺搭不到一塊兒，「他們的歌聲都有一種哀慟、一種渴望，讓這些搖滾和鄉村歌曲反璞歸真，直陳那苦惱的靈魂。」

柏奈特製作的專輯都看得出由他操刀，但他出手絕不過重，只是引導藝人找到真正屬於他們的調調，感覺又從不太過刻意。普藍特和克勞絲坦承，當初他們覺得很難恰當詮釋那些歌曲的細膩和情感，克勞絲說她覺得怎麼唱都不對，也覺得自己「太過於白人」，不適合唱〈焉知非福〉（Let Your Loss Be Your Lesson），也就是專輯裡藍調味最濃的歌曲之一。不過柏奈特只是鼓勵克勞絲，她從前唱草根藍調投入多少熱情，唱這首歌也比照辦理即可。兩位歌手逐漸敞開接受柏奈特的指導，逼自己走出舒適圈。普藍特曾公開表示，他原本是個目空一切的搖滾歌星，不過這張專輯扭轉了他的生涯，從此以後，他開始用歌聲，向塑造了他的美式音樂致敬。

身為製作人和創意總監，柏奈特覺得他該做的就是建立信任關係、鼓勵普藍特和克勞絲，幫他們重拾最初的愛。

「我聽齊柏林樂團聽到的不只有硬式搖滾，還有艾迪．柯克蘭（Eddie Cochran）、巴弟．哈利、史吉普．詹姆斯（Skip James）和羅伯特．強森（Robert Johnson）。而且我知道艾莉森很喜歡 AC/DC 樂團[34]。從她的歌聲，我能聽到一種跟過去截然不同的草根藍調，因為她在不同時代長大，而且那個地方大家都聽莫利．海切特樂團（Molly Hatchet）那一類的歌。所以我面對他們倆，像是在找尋他們真正的音色，再綜合起來——普藍特的唱腔如何、克勞絲的聲音又是什麼樣子——他們的交集落在哪裡？這兩種調性都很迷人，可以怎麼融合？不管是怎樣的類型，你想怎麼稱呼、用什麼字眼來分類都無所謂，音樂的基礎終歸是本真的調性，對吧？」

柏奈特就像在呼應漢克的話，又說：「首先，你要能看出他們真實的自我。這一則靠經驗，一則靠觀察。我第一次跟吉蓮．威爾許合作的時候，拿索福克里斯（Sophocles）[35]給她讀，因為戲劇的根源全在裡面了。你東西讀得愈多、對別人怎麼創作愈是注意，就愈有見地。你得多看畫，對創造力養成寬廣的眼界，也得聽很多東西才行。如果你的合作對象是音樂家，就得多聽不同地方、不同風格的音樂，各式各樣都聽，而且要投入大量的時間。」

訪問進行到這裡，他埋頭操作筆電，想為我們播一首他最近反覆玩味的歌曲：〈但願我是天上的藍樫鳥〉（I Wish I Was a Jaybird in the Air）。這是一首藍調口語詩，來自歌手史考特・鄧巴（Scott Dunbar）在一九六八年的戶外演出，由美國學者比爾・費里斯（Bill Ferris）側錄，後來由數位典藏團體「灰塵轉數位」（Dust to Digital）放上網路。歌曲描述一名男子為了向心上人示愛，帶著一瓶私釀酒和一隻雞去她家拜訪。他送給對方媽媽那瓶酒、給爸爸那隻雞，好趁他們分心時和那個女孩子溜出去。那首歌時長超過五分鐘，但結構很單純；我們坐在那裡跟柏奈特一起欣賞，他顯然非常享受。這首歌曲的旋律簡單而優美，只有基本的樂器伴奏，副歌採對唱形式。鄧巴唱

34 譯注：澳洲重金屬樂團。
35 譯注：古希臘悲劇作家。

著唱著，逗得聽眾鬨然大笑，害他自己也忍俊不住，停下來跟大家笑成一團。我們聽到一半突然醒悟，柏奈特這是不著痕跡也沒有用強，就邀我們進入他的修煉過程。他早就想邀我們一起聽歌，也一直在注意適當的時機。我們愈是跟著他一起聆賞，愈是珍惜這一刻。這真是很棒的親身示範，讓我們看到他如何透過邀請發揮領導力，帶別人共享他的體驗、呈現為他帶來靈感的材料。而且他不圖什麼，純粹是想跟人一起欣賞、探索。他說：「那首歌在YouTube只有一千三百次觀看紀錄，既不是凱蒂．佩芮也不是德瑞克，可是就我看來，對我們的文化、社會、國家來說，這首歌比起暢銷榜上任何一首前四十大歌曲都珍貴得多。說不定東西被看過愈多次，存在的意義就越小。我們現代文化充斥著這種矛盾。我們愛的是片刻存在的價值，那些重要的片刻。」

這番話流露的智慧，大大佐證了本書探討的課題。就像饒舌者錢斯（Chance the Rapper）說的，這是個「科技跑得比市場快，音樂跑得比科技快」的年代，而我們相信，懂得領先潮流的那些音樂人，在被迫找出新方法適應益發快速的變遷時，也能解開音樂為何是先驅的謎團。話說回來，享受、記錄、品賞和保留重要的片刻，也很重要。

「科技不為別的，就為了提升效率。赫胥黎（Aldous Huxley）說過，科技不過是用更快的法子做不重要的事。藝術與效率恰好形成對立；效率跟藝術完全扯不上關係。靈感很沒效率，那就像風：我們看不見風，但可以看見它吹動了樹，有時候還把樹吹倒了，甚至吹倒到你家屋子上。這是製作人最重要的工作：激發藝人的靈感，幫他們重拾最初的愛。」

就像南方人會說的，這話聽來可能有點打高空，不過柏奈特覺得這是一種互相交流。

「大家一直把創作點子和計畫寄給我，但現實是只要我們敞開心胸，都會為彼此這麼做。我幫皇帝艾維斯做唱片三十年了，我這個製作人是一路跟他合作培養出來的。我們製作他的專輯《牆頭釘》（*Spike*）的時候，我已經養成一套固定工作模式，老是想弄出個反覆段落。反覆段落帶來很大的自由，因為速度不變，每段反覆都能隨時轉切到另一段，你愛從哪裡剪接都行。這雖然自由卻也有其侷限，限縮了你的自由。艾維斯很喜歡做反覆段落，我想是因為他以前沒做過吧，但他也會試著對反覆段落做點顛覆改造。」

這種關係比商管界老生常談的「向上管理」、「向下管理」更深刻。我們在她們身上看到合作夥伴是如何互相尊重，在各盡所長的同時，也對於對方拆解自身貢獻抱持開放心態，再攜手打造新的東西。其實對柏奈特來說，那些流程或工作模式都不是重點，人比較重要。他反覆強調，要是過於推崇固定的模式，反倒忽視個人經驗、個人表達、個人連結，對每個人都不利。風格類型、既有模式、行之有年的方法都有好處，但這要是害我們難以創造和記錄有意義的片刻，就弊大於利了。

「跟葛瑞格．歐曼合作《低鄉藍調》（*Low Country Blues*）的時候，我把他從前的作品全聽過一遍。其實我本來就熟他的歌，但總之我從頭想像了一遍：他最初愛上的唱片是哪幾張、在廣播上聽到的第一首歌、他寫的第一首歌、他從小到大爸媽在家聽什麼歌。然後我總共選了三、四十首，把這當成製作唱片的素材庫，我想這應該很貼近他一路走來的歷史吧。結果他回信跟我說：『你不該這麼瞭解我才對。』」

後來柏奈特負責電影《瘋狂的心》的配樂，與男主角傑夫．布里吉（Jeff Bridges）一起塑造痞子布萊克（Bad Blake）這個角色，也做了同樣的基本功。他說，這其中的概念是重返藝人的核心再由此發展，而不是從比較表層的經驗找靈感，例如藝人一九七八年去了摩洛哥，還是一九八二年去了好萊塢。

「這些都很重要，也很好，但不是藝人最真實的本質。我在找的是他們最初的愛，而且跟我愛的東西有交集，也就是我們都全心投入的愛好。那才是音樂的泉源。」

五十年來，柏奈特面對每個藝人都在尋找這種共鳴。他說，誠實是邁向真實的關鍵。

「有件事我敢打包票，那就是你絕對、永遠不能欺騙或呼攏合作對象，因為人實在太敏銳了，尤其是跟人合作或創作的時候。你講話一不老實，人家馬上知道。就算他們沒明確意識到，在身體細胞的層次也會有感覺。」

在伯克利的西班牙瓦倫西亞（Valencia）分校，帕諾斯跟 ESADE 商管學院合作過一個主管教育課程，也在課堂上見證了有同理心的領導是如何有效。瓦倫西亞分校有個主任巴布羅・蒙吉亞（Pablo Munguía）是經驗老到的音響師和製作人，曾為超級盃中場表演、葛萊美頒獎典禮、奧斯卡頒獎典禮負責聲音工程。帕諾斯請蒙吉亞來上課，示範製作人如何與藝人建立關係，並耐心帶出藝人最好的表現。教室裡設了一小間隔音室，裡頭有個年輕歌手坐在麥克風前。看著蒙吉亞與那位歌手培養互信，而且不靠假意奉承就幫對方建立自信，實在令人印象深刻。他們錄了一段又一段演唱，每一次，蒙吉亞都像個充滿同理心的領導人，專注於歌手表現優異之處，又要怎麼基於優點進一步發展，而不是計較歌手犯的錯誤。

示範結束後，帕諾斯與來上課的主管討論這帶來什麼管理員工的啟發，而這些主管說起他們看到的情景，最常提到的詞是「信任」：信任自己的能力、製作人與藝人的互信、改變環境而不是試圖改變人——還有，每個人都聽得出來歌手進步了。想一想你共事過的主管，又或者你自己從前當主管的時候。你是一開始就先信任員工，還是員工得力求表現才配得你的信任？要是有人苦苦努力還是跟不上進度，這是他們的問題嗎？要是有機會見證一個人從遲疑不決變成充滿自信，又會發生什麼美妙的事？

柏奈特說：「這不只能應用於音樂或藝術，不論做什麼事，要消除恐懼都得靠信任。在職場上，員工害怕一旦犯錯就沒薪水可領、得另找頭路才能養家活口。我實在很不想用這個字眼，不過這根本就法西斯嘛。你不能為了想控制別人就貶低他們。信任是有可能的，不是信任工作流程，而是信任人。我在乎的是演奏的那個人，他們演奏了什麼沒那麼重要。」

找到（與調整）進步的路

一旦你通曉了成人之美的思維，想延伸應用就太簡單了。要請教這方面經驗，有誰比艾爾文是更好的對象？他就是我們在第一章介紹過的新視鏡唱片公司超級製作人。從他在錄音室跟音樂人工作，到共同開發德瑞款 Beats 耳機、到最後創立了蘋果音樂（Apple Music），他領導藝人和事業夥伴的能力源於一貫的哲學：自我覺察、瞭解個人、管理環境而不是管人。

我們訪問肖克利的幾週後，也去找艾爾文聊。

他告訴我們：「我是布魯克林人，我們家是勞工家庭，家人感情很好。我父親是碼頭工人。我剛進音樂製作這一行的時候，工作很認真又有幹勁，可是懂的實在不多。」

有一天，艾爾文路過父親的交誼俱樂部，聽見父親在門外跟一個朋友聊天。「那個人問我爸：『你兒子弄那什麼音樂跟耳機的？他究竟在搞什麼名堂呀？』我爸就說：『他的耳朵可神了，你腦袋裡在打什麼主意，他都聽得見。』」

當時年方二十一歲的艾爾文，不只有罕見的耳力，運氣也好得出奇。他入行頭五年錄了六張唱片：三張藍儂、兩張史普林斯汀、一張佩蒂・史密斯（Patti Smith）[36]。

他告訴我們：「那就像上大學，真是畢生難得的機遇。我當時還沒發展出一套工作哲學，腦袋很開放，把我小時候知道的東西全重學一遍，把我跟那三個藝人做唱片的經驗全吸收起來。有那種等級的大咖在場，我洗耳恭聽就對了，摸熟他們的性子、進入他們的腦袋，找出他們想做什麼。我的工作就是幫他們做出那些東西。今天的唱片製作人得負責寫全部樂曲，從前我不是這樣工作的。」

到了二十五歲上下，艾爾文已經養成一套讓他在職場上靈動自如的技能：用心傾聽，深入瞭解工作搭檔，在主從角色間從容轉換、不屈不撓做實驗的意志，同時他也深知這些技能遇上合適的搭檔收效最大。對艾爾文來說，所謂「合適的搭檔」有湯姆・佩蒂、史蒂薇・尼克斯（Stevie Nicks）、險峻海峽合唱團（Dire Straits）、U2等。我們也向艾爾文問起他與傳奇創業家大衛・格芬（David Geffen）共事的經驗。格芬是庇護所唱片（Asylum Records）、格芬唱片（Geffen Records）、DGC唱片（DGC Records）和夢工廠電影工作室（DreamWorks）的創辦人，而艾爾文曾說：「我會在心裡跟自己賭一把。大衛跟我常常意見不和，但我比較常賭他的意見比較好，而不是我的。我對自己說：『這傢伙真是聰明，我覺得他錯得離譜，但雖且一試吧！』」

不論我們身在哪個行業，這都是很好的教訓。跟有才華又有願景的人工作，好好瞭解他們，並學著鼓勵人家拿出最佳表現。

格芬告訴我們：「史蒂夫（賈伯斯）把對的人拉到身邊，不過他身為老闆，知道他們的侷限何在。他既明白各人有什麼才幹，也曉得他們對什麼不在行。一個人的頭銜是行銷主管，未必代表他為行銷做的每件事都是對的。企業家對這一點要有認知。蘋果、谷歌、臉書，我不在乎你去哪上班。你要是想到一個點子又告訴了搭檔，一定要用心體會、好好珍惜對方出的那一分力。」

藍儂、史普林斯汀、佩蒂・史密斯、湯姆・佩蒂、險峻海峽、U2——艾爾文知道自己傲人的資歷不可多得，但也相信他在人生路上學到的製作和領導課能放大應用。所以在蘋果以三十億美元收購 Beats 之後，他和德瑞在南加州大學（University of Southern California）創辦學院，為學子提供一個他們自己年輕時無福消受的機會。他們把「南加大吉米・艾爾文與安德烈・楊格[37]學院」

36 編注：佩蒂・史密斯為美國龐克音樂先驅，亦身兼街頭詩人、傳記作家等角色，故被譽為「龐克教母」與「龐克搖滾桂冠詩人」。

37 譯注：德瑞的本名。

定位成一家教育新創公司，宗旨是為教育界帶來破壞創新，提供匯集四大領域的學術教育：藝術與設計、工程與計算機科學、商務與投資風險管理、溝通傳播。

艾爾文告訴我們：「因為創辦這間學院，我又在所知不多的情況下邁入人生另一個階段。我跟德瑞都沒上過大學，所以我們懂什麼呢？我們知道自己討厭上學，就假設很多孩子也討厭上學，拿這來自我安慰。我們也看到很多高中生說：『我幹麼要上大學？那對我有什麼好處？』他們問得有道理喔。世界變了，大學卻還是老樣子。」

在艾爾文和德瑞的學院，學生在全部就學期間都要跟跨領域的團隊合作。教授各有專精並溝通協作，共同教學。打從入學第一天起，學生就知道其他學門有什麼獨特的價值和貢獻、會帶給他們什麼幫助。這有點像是一名優秀的樂手，他對演奏不同樂器的搭檔也會有類似理解。一個吉他手可能從沒跟某個鼓手合奏過，不過他懂得鼓手的思路，知道他們能透過合奏一首歌互相觀察認識。同樣重要的是，他們的學生到了畢業時，也養成了跨領域溝通的能力。

艾爾文告訴我們：「那就是我跟德瑞為辦學投入七千萬美元的原因。我們可以不花一毛錢就在南加大開學程，東教一點、西教一點，利用學校原有的資源，再塞進一門藝術課就好。但這不是我們的理念。我看著現在新興的工作心想：為什麼大家不懂其他行業在幹麼，也不知道怎麼跟他們溝通？大專院校大多不教這個，但我們的學院有。」

他繼續說：「在我的公司，我想用的是有能力跟工程師溝通的設計師。你不必是工程師，但你要是跟他們並肩學習，一邊學好自己的本分，一邊跟他們一起做專案，就會瞭解他們的語言和他們的『為什麼』。我們在栽培涵養更廣博、工作角色遠更有彈性的人，賦予他們真正的優勢。」

艾爾文與賈伯斯的遺孀羅琳・鮑威爾・賈伯斯（Laurene Powell Jobs）合作，進一步實踐這個理念：透過XQ學院（XQ Institute）打進高中校園。XQ學院的董事會有艾爾文、傑佛瑞・卡納達（Geoffrey Canada）[38]、馬克・艾可（Marc Eckō）[39]、麥可・克萊恩（Michael Klein）[40]和馬友友，在這群菁英領導下制訂了六大設計原則：強烈使命和文化；有意義的深度參與學習；關懷信任的

38 譯注：傑佛瑞・卡納達為美國教育學者、社運人士和作家。

39 譯注：馬克・艾可是美國知名設計師與企業家。

40 譯注：麥可・克萊恩為美國金融企業家。

關係；注重年輕一代的聲音和選擇；善用時間、空間和科技；與在地社群攜手合作。XQ學院前進美國各地的地方社區，與單間公立學校或公立教育體系合作，鼓勵各界重新對高中教育做更遠大的想像。除此之外，他們也很重視將靈感化為實際創新，營造更扎實也更平等的就學體驗。

艾爾文自己做過四種工作：唱片製作人、唱片公司共同創辦人、耳機公司共同創辦人、串流服務總監。他個人的故事，可謂反映出一個產業如何與科技角力——唱片公司起初很抗拒數位格式，後來為了打敗網路四處興訟，最後又接納了串流服務。等到《紐約時報》在二〇一九年訪問艾爾文：音樂產業是否從 Napster 以降的震盪恢復元氣，問題是否已經解決？他的回答是：

> 我不會說問題已經解決了。業界是有進步，但還有很長的路要走。如果我還在新視鏡，我會擔心這些事：我跟顧客沒有建立直接關係，可是藝人跟串流平台有。
>
> 我不想要那（科技）成為「對立面」，而是希望一切融為一體。我不是在拋棄音樂。我一直認為科技會讓更多人用更好的方式享受音樂，而且以後會全面透過串流服務來推廣音樂，不過這全是一體的。

他承認，他還沒想出繼續推動音樂產業進步的方法。他告訴《紐約時報》：「是有些線索可循。我們是不是進入了一個藝人不敢得罪人的時代？因為國家分歧得這麼嚴重，我是不是怕得罪了不在同溫層的聽眾？我是不是怕得罪了追蹤我 Instagram 帳號的贊助人？我不知道。這是我想問的問題。」

不過我們在訪談時明顯看得出來：即使艾爾文已經從業界轉戰學界，還是很用心聆聽合夥人與顧客的心聲，為大家開闢分享願景的空間。而且他有信心年輕人會帶頭向前，要是他們跟他學院的畢業生一樣做足準備，更會引領風騷。

他告訴我們：「從我們學院出去的孩子都很優秀，拿到滿手的工作機會。我帶（Snap Inc.[41] 執行長）伊文．史披格（Evan Spiegel）去參觀，他跟我說：『吉米，當年我大學念的要是你這一間，就不會輟學了。』他告訴我們：『我現在要是在 AT&T 和華納（Warner），一定把你們下一班的二十五個畢業生一口氣全雇用了。』大企業需要對多重領域都有涉獵的員工。我們要是能證明這

41 譯注：社交媒體 Snapchat 的母公司。

個教學模式行得通，就能擴大推行到所有學校，尤其在有些地方，孩子需要更好的機會。我們創造的不只是機會，還有優勢。」

下一波進化已然開始

讓我們從另一面來看這個問題：品牌、產品和行銷業界的實況。史托特是廣告業和樂壇雙棲的企業家，他最近一次引起世人矚目，是因為字母控股（Alphabet Inc.）[42]、安德森霍羅維茲創投公司（Andreessen Horowitz）和二十一世紀福斯公司（21st Century Fox）聯手投資七千萬美元，幫助他成立音樂新創公司「聯合大師」（UnitedMasters）。他曾在索尼音樂和新視鏡—格芬—A&M唱片公司（Interscope Geffen A&M）擔任高層主管，也曾創辦「譯藝」（Translation）文創經紀公司，透過運動賽事和娛樂活動，為全球最知名的品牌和文化產業牽線。此外他也寫了一本《美國愈變愈黑：嘻哈音樂如何創造重寫新經濟規則的文化》（*The Tanning of America: How Hip-Hop Created a Culture that Rewrote the Rules of the New Economy*）。傑斯說史托特是「銜接美國企業界和街頭饒舌樂的渠道——這兩個世界的語言他都懂。」

二〇二〇年春末夏初，我們與史托特聊到如何培養跨領域的工作人才，藝術與商業又如何交集。不論在錄音室、行銷公司、董事會議室或日常職場，史托特都不只是經驗老到的創業家而已。他在行銷界創業之前，曾在索尼音樂和新視鏡—格芬—A&M唱片公司擔任高級主管，是納斯（Nas）和布萊姬的經紀人，還是《飆風戰警》（*Wild Wild West*）和《街頭痞子》（*8 Mile*）電影原聲帶製作人。他帶出別人最佳表現的秘訣，是幫他們善用個人長處，而不是只看工作頭銜。

「我們太常被套在身上的框架給害了。你為了知道某人的『本事』，就給人家套上制服，也就是給他們一個工作職位。曾有一段時期這是很好用，因為你能把那個職位幹好，憑著職銜獲人接納，也能預期拿到與職等相應的薪水、生活有保障，諸如此類的。可是世道不同了。現在大家思想那麼自由，要接觸什麼資源都太容易了，所以從前那一套正在我們眼前瓦解。藝人和創業家的定義正在進化。」

他目前仍是譯藝的執行長，而這家公司的職位既固定、也流動，因為譯藝請每名員工說明自

---

42 譯注：谷歌等企業的母公司。

己的「主業」，並讓這成為各人負責的主職，但員工也要說明一項「副業」，也就是他們最有熱情投入的興趣。史托特問他們的問題是：如果不必擔心錢，你會投入什麼工作？這麼做不只促進了跨領域連結，也為客戶創造新契機。每當公司有新的創意提案，員工會根據自己的熱情所在，檢視這個提案有沒有能側面發展的地方；要是他們能為專案做點什麼，就會被拉進負責團隊。

這種作法催生出一種新型態的團隊，他們所具備的才智也不同以往。這不是在重寫規則，因為實際上根本沒有規則可言。至於他新成立的「聯合大師」是一家數據和科技服務公司，為創作者提供工具，幫助他們盡情發揮個人潛能，不必倚賴傳統的唱片公司營銷模式。他們不只是在對產業進行破壞創新，也在創造一個新產業。

「在經紀公司裡，藝文人永遠是高冷的那群人，不想為了迎合大眾把品牌做得通俗。科技人則是阿宅，只跟其他科技人共事。說故事的人，則會強力為自己的作品辯護。可是這三種人一合作，你會看到很神奇的火花迸出來。所以我們把藝文、科技、行銷視為一個整體。我們雇用對音樂產業很感興趣的工程師，他們很熟悉藝文動態。我們雇用的行銷人則將科技視為讓故事更精采的工具。每個人都得對其中兩、三項很在行。這是我們公司的未來。」

史托特也把同樣思維用於品牌和代言名人的配對，鼓勵藝人誠實尋求個人的願景和價值觀，也真誠地加以表達，才能打動消費者。

「在八〇年代，藝人會說：『我才不做這些鬼東西。我不碰商品代言，那太不酷了。』感覺像是跟無聊的大老闆、大公司合作。後來是嘻哈樂壇率先表示：『你知道嗎？一切還不都是為了錢，只要合理，我願意賺那個錢。』」

然而，藝人與品牌的代言合作，往往是史托特所謂「在爛點子上擠番茄醬」那種。品牌砸錢請名人把產品湊到臉旁邊，但這種合作關係很空洞，消費者也看得出來。

他告訴我們：「這個套路顯然破綻百出。音樂人拒絕做代言，唯恐跟企業行銷的手段扯上關係，會喪失身為藝人的信譽。對品牌也沒效果，因為這種代言合作無法證明雙方有共同價值。沒人相信品牌跟藝人、跟運動員有任何共通點。」

所以有些品牌更進一步，聘請藝人擔任創意指導。

史托特說：「他們拿頭銜引誘名人合作，因為冠個頭銜感覺很有面子。我想到的例子是老虎伍茲（Tiger Woods）跟別克汽車（Buick）。那種代言方式顯然徹底失敗，實在太老套了。女神卡卡（Lady Gaga）和拍立得相機（Polaroid）也是。這種缺乏價值的合作太常見了。他們沒什麼東西好說，很快就被人遺忘。」

不過史托特身為樂壇和廣告業雙棲的高層主管，他知道藝人如果卸下幕前裝扮，真誠表達個人價值觀並與投契的品牌合作，那種代言可以非常有力。想帶出藝人的最佳表現，確實需要一套特別的技能，不過今日商場的每個產業都能應用這些技能，而且不只是應用，更是價值無窮。我們要是有能力適應不同專業領域並與不同性格的人合作，這不只會拓寬對方的潛能，就連我們自己和我們所屬的公司也是。當我們願意抱著信任聆聽，為了幫助別人而調整環境，讓他們有機會探索真實的願景和熱情（也就是既領導、也順從對方），就能幫我們與顧客達成連結。

不論在這一章或本書所有的章節，我們都看到當個通才在今天的商業世界有多麼重要。菲董左手製作歌曲、右手設計球鞋；希普不只在錄音室抒發自我，也創立區塊鏈公司；肖克利提到有些執行長有本事兼職當ＤＪ。我們兩人既是要帶員工的主管，也在大學教書，深刻體認到現行教育體系與現實之間的鴻溝——艾爾文和德瑞就是基於相同體會而辦學。讓孩子成為數學天才卻欠缺人性，這種教育帶來的員工會寫演算法，卻無視自己對社會有何影響。我們全力支持推進STEAM 教育、人工智慧和大數據，但可嘆的是，今日關於教育的討論，卻不見有人提及創造力的培養。我們需要的公民和領袖要有旺盛的好奇心，而且樂在學習、實驗、合作與探索未知。好奇心是至關重要的核心。你要是好奇，就會學習；你要是學習，就會逼自己接觸新的思想和做事方法。這麼一來，你就會跨出舒適圈，而置身舒適圈之外能滋養同理心。

「藝術就是答案」聽起來可能很老掉牙，甚至有點侮辱人的智商。不過我們不是在放話我們有答案，而是認為我們的社會苦於許多真切的難題，有些甚至有危生命，想要加以解決，培養創造力是關鍵。請大家退一步想想：不論在商業界或民代機關，如果居上位者認為自己主要的職責是移除障礙、培養信任、創造理想的條件供他人大展身手，會有怎樣一番氣象？如果我們教導年輕人重視好奇心並加以探索、從別人身上尋求啟發，走出舒適圈、培養更深厚的同理心，世界又會有怎樣一番面貌？

效率是很重要，但社會要是獨尊效率，我們與合作對象和同事往來時，也為了追求效率而犧牲好奇心，那就真的得不償失了。說到底，我們之所以有別於其他物種，就是因為創造力和想像力。

當我們請教柏奈特對這個課題有何想法，他回答前沉默了半晌。「在上個世紀，一切決策都繞著體系打轉。以學校體系做的決策為例，把藝術課程砍掉，目標是用最有效率的方式教育小孩。體系在失效後還能長存幾十年、幾百年，過了有效期限仍照常運轉，但其實早該廢掉了。我認為我們的社會實在過於推崇體系，以至於當體系行不通了，我們簡直就像束手無策。」

不過這就是創造力派上用場的時候。身為製作人、經理人和領導人，我們能開闢空間、移除障礙，好讓人才有機會探索各種想法、發揮靈感，而且大家都能一起進步。

他告訴我們：「不論處在哪個管理位置，你要是不信任你想協助的對象，都是在動搖關係。藝人要是不信任製作人，就會貶低製作人的威信、削弱製作人的能力，使他們再也幫不了藝人。」接著，他好像在用一句話為這整章做個總結：「不信任共事對象會削弱他們的能力，信任才會使他們強大。」

推薦曲目

間奏五

柏奈特告訴我們，費斯克禧年歌手合唱團（Fisk Jubilee Singers）是美國所有流行音樂的老祖宗，這是在一八七一年，由費斯克大學（Fisk University）一群非裔學生組成的無伴奏人聲合唱團。他們的曲目涵蓋靈歌、藍調和輕音樂，創團不到兩年就成為全球流行樂之星，曾到華府為格蘭特（Ulysses S. Grant）總統表演、到倫敦為維多利亞女王獻唱。這份歌單由肖克利、艾爾文和柏奈特製作的歌曲組成，全傳承了費斯克禧年歌手的風格，詞曲都融合多種音樂類型。

肖克利製作

〈毒藥〉（Poison）／ＢＢＤ三人組（Bell Biv DeVoe）

〈果汁〉（Juice）／艾瑞克 B &拉金雙人組（Eric B. & Rakim）

〈未來人〉（Tomorrow People）／理奇・馬利（Ziggy Marley）、痛哭者樂團（The Wailers）

艾爾文製作

〈哈林的天使〉（Angel of Harlem）／U2

〈別誤會〉（Don't Get Me Wrong）／偽裝者合唱團（Pretenders）

〈因為夜晚是……〉（Because the Night）／佩蒂・史密斯

柏奈特製作

〈零度以下的樂趣〉（Subzero Fun）／奧托勒克司樂團（Autolux）

〈富家女〉（Rich Woman）／羅伯・普藍特（Robert Plant）、艾莉森・克勞絲（Alison Krauss）

〈晚了一天〉（One Day Late）／山姆・菲力普斯（Sam Phillips）

〈迷失〉（Lost）／卡珊卓・威爾森（Cassandra Wilson）

深度聆聽：請聽二〇〇九年《瘋狂的心》（*Crazy Heart*）電影原聲帶，這是柏奈特和布里吉想像本片主角痞子布萊克受到哪些樂壇人物影響，從而創造的音樂化身。你聽得出來有哪些人嗎？

第六章

連結：把你的想像傳出去

你們一定要知道，我的聲音來自聽眾的活力。
他們愈有活力，我唱得愈好。
——佛萊迪·墨裘瑞（Freddie Mercury）

一九八五年七月十三號，皇后合唱團（Queen）的主唱墨裘瑞交出了個人生涯代表作。你要是看過《波希米亞狂想曲》（*Bohemian Rhapsody*），其中一段演到史上規模前幾大的搖滾演唱會「拯救生命」（Live Aid），電影重現了墨裘瑞傳奇的二十一分鐘演唱，而且相當逼真。然而這個好萊塢復刻版還是不如現場那麼有魔力，一來也是因為從螢幕看不出這場表演別具意義。那次皇后合唱團登台時，並不是全場主要賣點。其實他們當時已經過氣了，同場的齊柏林飛船、何許人合唱團（the Who）和艾爾頓・強（Elton John）等人才是當紅炸子雞；皇后的上場順序被包夾在後起之秀U2和傳奇天王鮑伊之間。不過一般公認，墨裘瑞這次演唱是搖滾樂史上最傑出的表演。他一身神奇的活力和自信，連唱七首樂團代表作，身影縱橫整個舞臺，好像那是為他量身打造的場子。

三十三年後，CNN記者荷莉・湯瑪斯（Holly Thomas）為「拯救生命」演唱會寫了一篇紀念樂評，當年她根本還沒出生，不過她將墨裘瑞的表演評為全場最大亮點。

> 皇后已不復巔峰，而且前一年才誤判情勢，前往種族隔離的南非[43]演出並導致公關災難，沒人期待他們會有什麼精采表現。尤其是墨裘瑞，媒體之前還在揣測他的性傾向，使他成為八卦報導和謠言的焦點，皇后進軍美國市場的企圖可說因此胎死腹中。在一片低迷之中，墨裘瑞輕快地躍上舞臺，

像歡迎死黨一樣迎向群眾。等他坐到鋼琴前彈出〈波希米亞狂想曲〉頭幾個音，整個球場已完全由他主導。接下來的二十一分鐘，現場群眾以及全球電視機前的十九億觀眾都愛上了他。他的幽默，那極度陽剛又妖嬈的活力，還有跨四個八度的驚人歌喉，都教人無法抗拒。

全場唯一平靜下來的時刻，是墨裘瑞唱到一半站到舞臺前緣，帶現場群眾跟他即興對唱了好長一段，後來這被稱為「傳遍世界的音符」。他對臺下觀眾唱了一句：「欸——喔——」，全場七萬兩千人也對他唱回去。他再唱一次，秀了一段驚人的音域，又把鋸短的麥克風架舉向觀眾，他們也對唱回來（盡量啦），而且就這麼一而再、再而三，齊聲呼應墨裘瑞。

二十二年後，賈伯斯在MacWorld發表會推出第一支iPhone，那也是他生涯最經典的一次公開亮相。他為iPhone所做的介紹，跟一場令人難忘的演唱會不相上下：內容投觀眾所好，用詞誇張華麗，最後以無比熱情將最新產品推到世人眼前。

43 譯注：當時國際間為抵制南非的種族隔離制，發起「文化杯葛」，除了籲請國際藝文活動排除南非，也請各界人士不要前往南非展演，所以皇后此舉引發批評。

一開始，他對現場四千名觀眾說：「每隔一陣子，總會有種革命性的產品橫空出世，徹底改變一切……今天，我們就要一起創造歷史。」他這是在演奏招牌曲目，意在提醒觀眾在將近二十五年前，他就為世人帶來革命性的麥金塔電腦[44]，後來又推出史上第一具 iPod，不只改變了大家聽音樂的方式，也顛覆了整個音樂產業。

他在揭開新創產品的神秘面紗前，把「今天，蘋果要重新發明電話。」這句臺詞稍作變化，陸續說了五次，吊足了大家的胃口。每個人都迫不及待了，而他就在這時候說：「今天，我們就要推出這種等級的三項革命性產品。第一項是觸控式寬螢幕 iPod。第二項是革命性的手機。第三項是劃時代的網路溝通裝置……一具 iPod，一支手機，一種網路溝通裝置。一具 iPod、一支手機——大家懂了嗎？這不是三個分開的裝置，是單獨一個，我們叫它 iPhone。今天，蘋果要重新發明電話，就是這個。」

大螢幕上閃現的是一個落伍又笨重、由多種裝置拼湊成的四不像，跟 iPhone 極簡的設計完全相反。全場哄堂大笑，賈伯斯完全抓住了觀眾的注意力，帶著他們一路看過 iPhone 的功能和獨到之處，最後，這具改變了我們交談、聆聽、觀看和互動方式的電話，總算出現在世人眼前。

賈伯斯的介紹叫人看得目不轉睛，因為他與觀眾分享的不只是產品，還有熱忱。他對自己的科技願景深具信心，靠表演創造一個神奇的空間，就為了介紹一種簡直神乎其技的產品。這不只是產品發表，更是天啟的一刻。未來就在那一刻誕生了。

引人注意，再端出好料

在這個數位音樂時代，每天有超過兩萬四千首歌曲上載到網路。歌曲創作者不圖別的，就想吸引粉絲，所以為了衝高按讚和分享數，往往訴諸搞怪或令人傻眼的路數。瑪丹娜啟迪後輩歌手在舞臺上清涼現身，威斯特當眾搶走泰勒絲的麥克風，卡蒂 B（Cardi B）重砲抨擊美國總統。這些表現有時是從創作過程自然衍生，另一些則是經過盤算，跟經紀人和行銷團隊事先串通好的。無論如何，音樂人都知道，驚世駭俗最能引發熱議。

傳奇經紀人夏普・高登（Shep Gordon）就是驚世駭俗的一代宗師。他在一九六〇年代晚期

44　編注：由蘋果公司於 1984 年設計，是首個成功面向大眾市場的個人電腦。

入行，經紀過平克·佛洛伊德（Pink Floyd）、金髮美女合唱團（Blondie）、瑞克·詹姆斯（Rick James）、肯尼·羅根斯（Kenny Loggins），甚至還有格勞喬·馬克斯（Groucho Marx）。不過他首度獲得全球性成功，是在行銷艾利斯·庫柏（Alice Cooper）的時候。庫柏是美國第一個驚世搖滾（shock rock）[45]歌手，原本在大眾心目中是個跟罕醉克斯、珍妮絲·賈普琳（Janis Joplin）交好的嬉皮，但庫柏想改變那種形象，於是向高登求助。他們的目標是什麼？搞到全國家長都不准小孩去庫柏的演唱會。高登用漫畫風的撒旦圖像當庫柏的唱片封面，把滅火器改裝成巨屌，讓庫柏在舞臺上當眾大噴特噴，一回還在記者會上製造假爆炸事件，用租來的救護車把庫柏載到醫院，急救員都是朋友假扮的。

接下來，他們把目光轉向海外。高登在倫敦訂了一個可容納一萬名觀眾的表演場地，但等到音樂會沒幾天就要舉行，他們只賣出五十張票。在英國的某天早上，高登看電視時突然醒悟：他最好的傳聲筒就是當地的晨間新聞，尤其是拍攝尖峰路況的直昇機。他的公關材料庫有張庫柏的裸照（只被一條蛇裹住重點部位），於是他把這張照片放大輸出，張貼到一輛聯結車的兩側，然後叫司機把車開到倫敦市中心熙來攘往的皮卡迪利圓環（Piccadilly Circus），在車陣中「意外」拋錨。這下英國家家戶戶都在早餐桌上目睹了他旗下的搖滾歌星全身赤裸，在巨幅看板上大刺刺亮相。這一手果然奏效：庫柏成為全英國家長的話題，他們一如高登預期，氣個半死。

高登於二〇一九年在播客節目《新知》（*The Knowledge Project*）上說：「不論哪個世代都有藝人看透了這一點。看看今天的女神卡卡，她就是庫柏四十年後的翻版。我覺得這基本上是一樣的，只是市場環境變了、發表方式變了，但道理沒變。想出引人注意的辦法，再把真正要賣的東西推到幕後準備好就對了。」

事隔多年，高登把行銷才華應用於另一個行業。他戒除嚴重毒癮，成為廚藝與美食愛好者，接著靈機一動：廚師為什麼不能當名人呢？

他說：「我發現世界各地的人都很瞧不起廚師。法國廚師比其他地方的廚師更受禮遇，相較之下，美國廚師的境遇真是兩樣，但他們也是傑出的藝人……我就想：我這輩子都從藝人身上賺錢，算是懂得箇中關竅吧。我要扭轉這些職業的方向。」

45 譯注：網路上也可見「休克搖滾」。指舞臺表演風格華麗的搖滾樂手，妝容誇張、當眾砸吉他等。

高登當起廚師的經紀人，他的客戶之一是艾莫利・拉加西（Emeril Lagasse），高登幫他談成一檔美食頻道（Food Network）的日間烹飪秀。拉加西以腳踏實地、樂享生活的人設在《艾莫利現場烹飪秀》（*Emeril Live!*）亮相。他知名的口頭禪有「嘭！」（Bam!）、「給它檔次升一級！」，還有「又不是叫你上太空！」（都是他在自家餐廳後場最愛說的），電視機前的觀眾也聽得超順耳。他很快累積大批粉絲，節目當紅時，每天有超過二十五萬戶人家收視。

或許你還沒想要上談話節目或用巨幅裸照堵路，不過高登的作法不無啟發。我們在企業界往往認為，要說服人得靠嚴謹的邏輯思維，而不是發自肺腑的反應。但說到與觀眾連結，直覺和信心有時跟事實和數字同樣有力。

我們自己親手實做也親眼見證過。二〇〇一年，麥克在企業界闖蕩幾年後，與三個朋友共同創立「三輪」公司（Tricycle），目標是以數位擬真印樣取代商用地毯的實體樣品。乍聽之下，地毯樣品或許不如門票售罄的演唱會來得迷人，不過三輪所用的印樣技術能夠翻轉業界現況，為地毯製造商節省幾百萬美元，並巨幅減少石油用量和掩埋場垃圾。

然而，他們印出的圖像雖然精準，地毯業沒有任何一位高層回他們的電話，因為沒人「相信」

模擬印樣會逼真到足以取代尼龍線織成的樣品。於是他們想出一個主意：他們動用天使投資人的資金，大老遠開車到芝加哥參加全世界最大的室內裝潢商展，在現場表演。

包含舞臺跟照明在內，那次布展超像為登臺演唱做準備。麥克為展示設計一個約一公尺見方的木造平台，上面擺了四片真正的地毯。在地毯上方，他們搭了控制照明用的懸臂式鋁製頂棚，因為想看色澤，燈光必不可少。接下來，他們小心翼翼地在每片地毯上擺一張擬真印樣，並與地毯圖樣完全對齊。你要是退後一步，根本看不出尼龍地毯跟那張紙有何分別。

等舞臺大功告成，他們還得演一齣好戲來挑起觀眾猜疑、吊人胃口。麥克一等某個地毯公司主管經過三輪的攤位，馬上開始表演：

三輪公司：您平常談生意會用地毯樣品嗎？

地毯主管：會啊，地毯上市前我們會用樣品輔助，把設計改良到最好。

三輪公司：過程總共要做幾次樣品？

地毯主管：幾十次喔，有時還多多了。

三輪公司：那設計完成後，您拿樣品怎麼辦？

地毯主管：就丟掉啦。

三輪公司：要是能用紙本樣品取代，至少在產品設計初期那幾輪用紙本，您覺得怎麼樣？

地毯主管：聽起來是很好，可是紙本的顏色跟圖案絕對不準啦。我得看實品才知道行不行。

三輪公司：要是我說，您眼前的其實就是紙本呢？

等他們湊進展示品一瞧，不禁不敢置信地搖頭。他們會捏起紙本樣品的一角，或在上面摸一摸，確認那不是幻覺。麥克已經透過對話挑起他們的懷疑，為驚奇揭曉鋪好了哏。產品本身其實沒有任何改變，它已經夠好了，但最後要是不揭開謎底，衝擊力就會很弱。麥克跟公司夥伴帶著所有商業地毯大廠的名片離開展場，也體會到只要表演精采，舞臺永遠不嫌小。

讓事情變得很個人

隨便請一個創業家列出個人的商界十大偶像名單，理察・布蘭森（Richard Branson）十之八九會上榜。布蘭森是維珍集團（Virgin Group）的創辦人，玩世不恭的形象獨樹一格，也很懂得娛樂大眾。他曾為了宣傳維珍航空公司穿上女空服員制服、濃妝豔抹亮相，後來又在維珍婚禮公司的成立發表會故計重施，穿上一襲婚紗。為了宣傳維珍可樂，他開著一輛雪曼戰車穿越紐約時代廣場，撞倒一堵可口可樂罐疊成的牆。他這廂自摩天大樓吊繩索從天而降，那廂又化身人體保齡球在地上滾。布蘭森為旗下品牌創造的聲量推高了營收，不過他真正的威力來自他的性格、他的情感人設。他顯然真心想為顧客打造更好的生活，那不設防的熱忱也很引人矚目。

等到他踏進新領域，建立民間太空船發射基地「美國太空港」（Spaceport America），似乎只是想當然耳的進展。布蘭森之所以獨具魅力，部分原因是他不畏個人風險，從直昇機垂索而下不說，也曾大幅軸轉旗下事業，從音樂零售進軍旅館、行動通訊、音樂節和影劇。他大膽浮誇的行徑很有激勵人心的效果。說布蘭森改變了一般人對商業和商人的既定印象，並不為過。我們知道他的動機比追求盈利更為遠大，也樂見他再投入更有雄心的計畫。民營太空旅行？有這本事的人非布蘭森莫屬。

按照你的性格打造旗下組織是有風險，卻也可能造就契機和可信度。布蘭森就憑藉著個人魅力，在世界各地倡議人道理念。近年，他曾幫忙說服烏干達總統，否決了一部使同性戀入罪的法案。他曾經主張，錢要是不用來改善世界，就沒多大用處可言。他說過：「經商不過是在實踐改善世人生活的想法。你要是不能為別人的生活帶來正向改變，就不該從商。」

人稱「甘地夫人」（Madame Gandhi）的琪蘭・甘地（Kiran Gandhi）也是創業家，而且她也透過商業創投、社運活動和音樂創作，與粉絲建立深度個人連結。對她來說，個人即政治、個人即工作，無可分割。她在紐約和孟買長大（Kiran 這名字在印地語和梵語裡的意思是「第一道曙光」），在喬治城大學主修數學、政治科學和女性研究。後來她拿到哈佛商學院企管碩士，同時也擔任鼓手，隨著獲奧斯卡獎提名的英國坦米爾裔饒舌歌手 M.I.A. 巡迴演出。

我們第一次見到甘地夫人，並不是在她如今經常現身的音樂節大舞臺，而是在波士頓一個新創公司發表日。她剛花了八週時間參加一次實驗性的設計創投營，探索區塊鏈的新概念。這個營隊由 IDEO、富達銀行（Fidelity Bank）、哈佛大學 i-Lab（Innovation Lab，創新實驗室）共同策劃，甘地夫人在發表日上報告她的經營理念。她點過一張張投影片，既有說服力又吸引人，說話極富抑揚頓挫，充滿自信和熱情。

隔年，我們與世人一起風聞更多她的消息：她參加倫敦馬拉松，正值經期來潮卻沒用棉墊或棉條，震懾了世人。她穿著沾染經血的緊身褲跑過終點線，照片占滿新聞和社群媒體版面。媒體蜂擁而上採訪她，而她表示，她最初只是想為自己跑馬拉松，後來才想到利用這個機會，吸引大家關注全球女性承受的經期羞辱與其他污名。

她為英國《獨立報》（*Independent*）撰文表示：「在那場比賽，我為了以最佳狀態跑完四十二公里，於是以保持舒適為原則，做了那個決定。然而，因為我們對這每月一次的自然過程避而不談，我的決定震懾了很多人。」

她在文中繼續提到，月經的遮遮掩掩如何影響了女性的生活，而這種態度又點出一個更大的問題：「女人被耳提面命，不能表達情緒，要把情緒藏好，是悲是喜只能秘而不宣。身為堅強的女性不代表就不該談情緒，也不代表妳要逞強才算堅強。」

布蘭森行事是出於商業動機，又因個人信念更加篤定。甘地夫人則是出於個人動機，後來才延伸做商業應用。她做每件事都是為了強化公平正義：原本她只覺得那個議題對她個人來講很重要，沒想到竟獲得廣大關注，於是覺得應該把握機會，透過她想要的媒介宣揚女性賦權的理念。

最後她選擇了她的終身愛好：音樂。甘地夫人很小就開始彈鋼琴，而她從前在紐約市念幼稚園時遇過一名校車駕駛，他每次一到站打開車門，都會讓家長聽見車廂流洩出古典音樂，可是一等小朋友上車、車門關上，他就轉到當地的嘻哈電臺。甘地夫人說，他是想讓學生體驗一下別處可能不會有的教育，而她也因此對音樂的意義有所改觀。她告訴《告示牌》雜誌：「納斯和蘿倫·希爾（Lauryn Hill）的音樂，是在灌輸我同理心和說故事的概念，這是我在別的地方都學不到的。」

到了八歲，她拿起鼓棒。《告示牌》那篇人物側寫說：「女鼓手相當罕見，而她就愛這種叛逆、這項樂器帶來的自由，與她從前彈鋼琴學到的對錯法則天差地遠。」

她用甘地夫人這個藝名發行了兩張專輯：《視野》（*Visions*）和《聲音》（*Voices*）。《告示牌》對後面這張專輯的評語是：「《聲音》是一波脆弱的浪潮，橫掃過錯綜複雜的愛、力量、女性特質與心碎感受。甘地夫人藉《聲音》踏上傾訴的旅程，讓世人看見美國或全球文化中，有些傳統上視為「女性」的特質屢屢遭人貶抑，然而這些特質其實比任何人（包含女性自己在內）的想像都遠更為強大。」

她說：「女性總是遭人低估與擺布，也逆來順受，因為從小到大幾乎習慣了。機會總是輪不到我們，就因為我們是女生，大家不覺得我們有能耐發揮全副潛力……我希望走出家門後，不會有人嘲笑我的企圖心。我希望走出家門後，覺得擁有這樣一副身體是安全的。我希望走出家門以後，覺得夠安全、夠自由，可以暢所欲言。這就好像，可惡，難道那是烏托邦嗎？」

我們訪問了甘地夫人，請她聊聊女性主義、音樂創作，以及她新推出的個人品牌周邊商品。她投身這些領域顯然是為了達成一個目的：與觀眾連結、把理念推廣出去。

她告訴我們：「聽見有人說：『我覺得這是對的，我很喜歡，我想加入你。』就像吃了定心丸一樣，尤其在你剛出社會沒多久的時候。讓大家看到所謂成功不是只有一種、想成功有不同的榜樣可循，讓我覺得自己真的帶來了改變。大家喜歡看別人冒險犯難又闖關成功。」

她也知道與人連結不是一廂情願，她得瞭解受眾，瞭解他們想要什麼，也要找到觸及他們的辦法。我們訪問她時，她剛結束印度巡演返回美國，並且看到一個機會，在提高演出收入、平衡票房損益之餘，也能傳揚重要理念。藝人往往認為周邊商品沒那麼重要，附帶做一做就好，不過甘地夫人決定和德里一家女性經營的服飾品牌「非黑非白」（NorBlack NorWhite）合作，採用鮮豔的麻布、絲綢、漸層牛仔布，裁製令人驚艷的上衣和連身褲。

她說：「我看齊的對象是有大型唱片公司預算、把商品檔次做得比別人高很多的藝人。比方說我就很崇拜小賈斯汀（Justin Bieber），他現在有一整套服飾系列了。這帶給我很大啟發，我就想：『我想賣一件兩百美元的東西，經久耐穿又超好看。』」

然而甘地夫人也很瞭解聽眾，知道這種衣服不是每種表演、每個場合都適合。

「在我的專輯發表派對，我們把展示弄得很高級，所以大家樂意掏錢買貴鬆鬆的東西。我們為商品拍好看的照片、做了短片，快閃店也布置得很漂亮。感覺好像辦了一次商品販售會。可是巡迴演出完全是另一回事。聽眾擠在滿屋子啤酒味的廉價酒吧裡，不會一手拿啤酒、一手花三百美元買條絲質連身裙。那就是不搭呀。」

「大家去俱樂部看表演那個路徑是不一樣的。他們到場時都晚上十一點了，已經灌了好幾杯下肚，頂多花個三十塊買件上衣，他們的預期就只到那裡。」

所以她把周邊商品改版再推出，納入襪子和T恤，上面印著她鏗鏘有力的歌詞：「男生要陰柔，就讓他陰柔」、「地球仍在等待我們」、「別怕，你的聲音你掌握」。

透過音樂和周邊商品，甘地夫人懂得如何與粉絲建立連結。除了舞臺，她在社群媒體上的表現也很搶眼。品牌使用 Instagram 和推特時，往往過於算計和刻意挑選，感覺很有距離。可是甘地夫人的社群媒體帳號是真實生活的精采紀錄，看得出來她極度在乎真誠，就跟她的創作一樣。

她說：「把資源用在你能造成影響的地方，而不是用來自我膨脹，是很重要的。起初我們瞄準的是更大的機會，但事實是，只要你提供的東西有價值，口碑自然會傳開，更大的機會終究會自動找上門來。」

她在訪談間又更深入剖析這個想法：

「我是用靈修的心態，又或者說是想得到啟迪的心態，來使用社群媒體。有人說你為了黏住粉絲應該每天貼文，這我多少也有點認同。當然了，你會想保持活躍，也讓社群媒體反應出你的真實人生多麼活躍。可是每次我如果不是真心有靈感，也不是有好東西真的很想跟大家分享，而是因現實所需不得不貼文，得到的反應都不好，效果非常普。當我真心有發表靈感，那種能量會讓人很有感，那種振奮之情是傳得出去的。」

二〇二〇年新冠病毒危機期間，我們再次請教甘地夫人：在人人相隔離的時候，怎樣叫作真正與人連結？結果她透過不同的管道來進行分析：她在 YouTube、Spotify、IGTV 放比較精緻的內容，SoundCloud 和 Instagram 限時動態放比較未經加工和粗糙的東西，因為粉絲對這些東西比較有共鳴；部落格跟官網用來放最新消息和表演精華重溫；臉書則像是咖啡屋裡的大看板。

她告訴我們：「我在各種平台上探索得很開心，科技社群讓人很有啟發；每個平台都是為了解決一個痛點，也不斷改良。我們身為創作人，應該勇於上去這些平台，好好利用。」

科技當然只是工具，她真正有熱情的目標是把粉絲聚在一起，也為多元性別族群、學生和年輕女性建立社群。從她在網路上的身影，我們看到一位女性為了提倡共同理念，把大家連結起來，且永遠保持開放迎人。太多聯名行銷都是出於投機算計，只為滿足個人利益，甘地夫人卻真心誠意地把熱情、創作和生計結合。

她告訴我們：「其實我花超多時間獨處，思考我要說什麼，寫下我的點子做練習，思考我想怎麼影響那些請我效力的社群，此外我當然也要創作音樂。」

甘地夫人很早就養成這種「獨處但不孤單」的觀點。她告訴我們，她從小就覺得自己不屬於任何一群人，因此能不受限地探索各種思想，獨立思考、獨立行動。這為她帶來莫大好處，因為她可以保持獨特且誠實的觀點，不受別人的意圖左右。

「所以我去 Spotify 和 YouTube 這種大企業或大學演講，可以想講什麼就講什麼，不必擔心得自我審查。這麼一來，他們又覺得我做的事更有價值了，於是那群人也歡迎我加入他們。」

很多新世代藝人與聽眾達成連結，都是基於個人真實的價值觀和動機，甘地夫人只是其中一例。在樂壇這種發展成熟的產業，這是重大的轉變，艾爾文也早在二〇〇一年就預見了。他憶起從前在新視鏡開員工會議時，他是怎麼醒悟整個音樂界根本走錯方向。

「給藝人預付版稅、讓他們上廣播節目，那套老把戲已經不中用了，非改不可。比起唱片公司員工，現在很多年輕藝人更早就會用宣傳平台了，他們早就先跳下去做了，唱片公司卻還在想著：好，這個人有粉絲，我們來花五百萬全部買下來。」

艾爾文舉美國饒舌藝人、歌手兼詞曲創作人納斯小子（Lil Nas X）為例。納斯小子曾經自承，起初他在臉書上貼搞笑短片，後來轉移陣地到Instagram和推特，並且開了歌手妮姬・米娜（Nicki Minaj）的粉絲帳號，貼出極短篇小說式的「推文串」，再利用多個帳號把自己的推文操作到爆紅。@NasMaraj是他有最多人追蹤的帳號，但因違反垃圾訊息規範遭推特停權，後來他似乎開了一些新的分身，不過他否認有在經營那些帳號。二〇一八年十月下旬，他花了三十美元，從網路商店買了一段荷蘭製作人楊奇歐（YoungKio）創作的伴奏（beat）；這段伴奏取樣了九吋釘樂團的歌曲〈34鬼之四〉（34 Ghosts IV）。當時亞特蘭大有家錄音室在推一次二十美元的週二特價活動，納斯小子就在那裡用這段伴奏灌錄了〈鄉村老街〉（Old Town Road）。後來這首歌在短短不到一小時內就成為國際暢銷金曲。二〇一九年初，納斯小子開始做迷因（meme），放到微平台抖音為這首歌做宣傳。抖音是分享短片的應用軟體，他們的營銷手法之一，就是鼓勵五億名用戶加入「接力模仿」，使平台內容暴增。納斯小子說他為了宣傳〈鄉村老街〉做了大概一百個迷因，又發起「#Yeehaw Challenge」（咿哈挑戰），力邀用戶貼出他們用這首歌曲配樂並變裝牛仔的短片，結果有幾百萬人響應。到了二〇一九年七月，這些短片已被觀看超過六千七百萬次。十一月，〈鄉村老街〉獲得鑽石單曲認證[46]，蟬聯美國告示牌百大單曲榜冠軍十九週，是該榜自一九五八年創立以來最久的紀錄。

艾爾文告訴我們：「唱片公司得搞清楚自己在這裡面的位置。他們現在做的就是找到最紅的藝人、付最多錢給人家。可是這種作法無法放大規模。年輕藝人跟他們的事業夥伴都很老練，他們愈懂得利用科技以小搏大，就會愈來愈老練。贏家會是這些藝人。」

世界紀錄與黃金唱片

在第三章，我們講到藝人如何透過合作建立社群。就像甘地夫人說的，藝人與粉絲的連結也有異曲同工之妙。我們來回頭看看拯救生命演唱會。一九八四年，詞曲創作人巴布．吉道夫（Bob Geldof）聽說衣索比亞飢荒死了成千上萬的人，便前往非洲探視。他親眼目睹當地的慘狀，返回倫敦後召集英格蘭和愛爾蘭當紅的流行樂壇藝人，錄製了單曲〈他們知道聖誕節到了嗎？〉（Do They Know It's Christmas?），用於資助賑飢工作。演唱陣容包含文化俱樂部（Culture Club）、杜蘭杜蘭合唱團（Duran Duran）、菲爾．柯林斯（Phil Collins）、U2和渾合唱團（Wham!）。在美國，傑克森和萊諾．李奇（Lionel Richie）受到啟發，也寫了〈四海一家〉（We Are the World）——由

46 譯注：鑽石單曲認證，是美國唱片業協會（RIAA）為銷售破千萬的專輯／單曲頒發的認證。

他們兩人加上一眾巨星合唱，有哈利・貝拉方提（Harry Belafonte）、狄倫、辛蒂・露波（Cyndi Lauper）、保羅・賽門（Paul Simon）、史普林斯汀、蒂娜・透納（Tina Turner）和史提夫・汪達（Stevie Wonder）等。這兩首單曲總共募得超過五千萬美元。

拯救生命演唱會是這些募捐的延伸活動，也由吉道夫發起，同時在倫敦溫布利球場和費城約翰甘迺迪紀念球場舉行。現場分別有七萬兩千和近十萬名樂迷共襄盛舉，並對全球實況轉播，募得了一億兩千七百萬美元善款。這場表演締造了世界紀錄，成為全球在同一時間有最多電視觀眾收看的搖滾演唱會：一百五十個國家的十九億人。然，而這場活動最大的成就不是締造紀錄。很多觀眾從此成了臺上樂團的終身樂迷，大筆賑飢款項因此到位，也促成了一個為共同使命集結起來的社群。這不光是有好點子和好理念就辦得到——音樂人的表演使這一切成為可能。樂團運用音樂才華凸顯慈悲心和同理心的重要，而我們之所以身而為人又能與人建立連結，不正是因為慈悲與同理。

靠音樂搭起連結的橋樑，能應用到什麼地步？一九七七年，美國太空總署發射了航海家一號（Voyager 1）太空船，飛往星宇深處收集太陽系以外的資料。這艘太空船還附帶一項任務：船上的貨艙載著兩張鍍金的銅質唱片，裡面儲存的內容由卡爾・薩根（Carl Sagan）策劃，包含地球生物的照片以及超過一百個聲音檔案：雷陣雨和火山爆發等自然現象的聲音，以及嬰兒的哭聲；用五十種語言說出的問候語；從貝多芬到查克・貝瑞（Chuck Berry）等二十七首歌曲組成的曲目。唱片上刻了二進位碼說明播放的方法，但沒有文字。透過圖像和聲音，美國太空總署想與宇宙中任何可能存在的智慧生命連結。

這張宇宙選輯在二〇一七年首度公開發行，幕後推手是平面設計師勞倫斯・阿澤拉德（Lawrence Azerrad）、未來研究所（Institute for the Future）研究主任大衛・佩柯維茲（David Pescovitz），以及舊金山變形蟲唱片（Amoeba Music）經紀人提摩西・戴利（Timothy Daly）。他們用三張半透明的金色黑膠唱片復刻了那分九十分鐘長的曲目，附加一本精裝影像集、一張聲音檔案的數位下載卡，以及原版唱片封面的平版印刷海報。他們為這套作品上 Kickstarter 募資，原本目標十八萬美元，結果總共募得一百三十六萬美元，還捧回一座葛萊美獎。換句話說，不單只是外星人，地球人對這套唱片以及它提供的連結也很感興趣。

阿澤拉德的工作室位於洛杉磯，我們在那個敞亮的空間訪問他，他看來欣慰但不意外。他為絲柏汀（Esperanza Spalding）、嗆辣紅椒合唱團（Red Hot Chili Peppers）、史汀（Sting）等眾多藝人設計過經典唱片封套，懂得與觀眾連結的道理。

他說：「這張航海家唱片不是讓人聽來放鬆的，你們知道吧？它非常深奧。不知道有多少人真的從頭到尾聽完了。可是大家想收藏這項文物、這個締造歷史的經典，以及它代表的意義。」

阿澤拉德受訪不久前，剛完成威爾可第十一張錄音室專輯《快樂頌》（*Ode to Joy*）的藝術設計。兩個案子看起來可能沒什麼交集，但阿澤拉德認為這兩者都是為了創造真誠的連結。

「我身為平面設計師，得學著不要亂入音樂人想傳達的訊息。重點不是我的創作，是他們的創作。而且專輯一發表就成了大眾的藝術，唱片買主也成了創作的持有人。我想到《洋基飯店的狐步舞曲》（Yankee Hotel Foxtrot）的封面（威爾可第四張專輯，也由他操刀設計），設計雖然簡單直接，可是大家會把它跟聽專輯的體驗聯想起來。我想這就是封面變得這麼重要的原因。《艾比路》（*Abbey Road*）對太多人都別具意義，因為那張唱片是文化的轉捩點，與時代精神合而為一。」

阿澤拉德與威爾可合作《快樂頌》的時候，特維迪請他額外做一本立體書，書本設計要體現「空無」的意義。阿澤拉德開玩笑說，因為白色專輯的點子已經被別人用走了，要用圖像設計讓粉絲領會這層意思，他們只能另想辦法。最後，立體書的插畫呼應著專輯歌曲的節奏，頁面以刀模裁切出孔洞，挪動紙卡和轉軸才看得到威爾可的歌詞，有如視覺詩篇。樂團成員的照片簡化到只剩剪影，跟特維迪本人一樣內向低調。歌迷一拿起專輯也心領神會，能從阿澤拉德的設計感覺到威爾可。

對阿澤拉德來說，設計是為了探索身分認同，把藝人和聽眾銜接起來。那種對專輯封面愛不釋手，超想秀給別人看的得意之情，就跟參加演唱會的樂迷想穿皇后樂團Ｔ恤、蘋果鐵粉在開發者大會上想用力鼓掌一樣，是一種由衷的反應。你相信你喜愛的藝人，與他們一同遨遊想像，並因此找到自己，這不只是沉迷在粉絲小圈圈那麼簡單。這跟黃金一樣純粹。

在這個分身看起來比真人更真的年代，有件事似乎很明顯：只要是出於真心誠意，象徵符號可以深具意義。想像一下，外星人要是發現了航海家一號的唱片，會有什麼感覺？這張唱片承載的溝通訊息，那些內容、圖示和資料編排方式，全是為了透過點點滴滴的資訊告訴對方，我們人類是何等樣貌。就算外星人無法破解符號的意義，播放不了那張唱片，應該還是能瞭解我們想建立連結的心意。

連結的感覺

不是每個人都有機會連結全世界（或跨星系）的人。但你要是學著瞭解自己真心關切的到底是什麼，就能透過真實的情感和意念傳達這些事。

甘地夫人跟我們聊過的幾個月之後，又在接受媒體採訪時表示，她的目標不是要觸及每一個人；我們其實都能接觸到身邊的人，不論我們的社交圈是大是小。

她告訴《湯湯季刊》（*Tom Tom Mag*）：「大家可能認為事情要做大才算數，可是我覺得最重要的一步是自問：你的影響力範圍是哪裡？不論社群媒體或實體的社群，你在日常中接觸的是哪些人？我是覺得，比起在社群媒體上盲目發文，就為了觸及你未必認識的受眾，要影響自己的親友其實還難得多呢。我會盡量跟親朋好友聊有趣但困難的話題，這麼一來，我就能練習帶著善意和同理心，解釋我自己的價值觀還有對世事的看法。」

藝人都想透過才藝表達思想，並引起他人的共鳴。創業家也是一樣的。但想要這麼做，你得瞭解自己的長處何在，也願意花力氣告訴別人你覺得重要的事。我們在最後一章會更深入聊這個課題，至於現在我們想要強調：人的潛意識總是不斷運轉，這是另一重處理資訊的方式，我們也藉此理解這些資訊與我們的生活有怎樣關聯。所以有些思想或情感雖然難以言傳，還是可以用別的方式表達。音樂絕對是個例子，除此之外還有很多方式。一項產品或服務也能跟人達到很深刻的人性連結。其實，用戶的體驗是普普還是絕佳，有時這種連結就是關鍵。在企業文化中，一旦討論到預算或時間資源分配，人性連結這問題可能教人很難啟齒，也難以為其辯護，不過這絕對是事業成功之必要，特別是在這個資訊過載的年代。

ＦＣＢ[47]是美國歷史最悠久的廣告公司（一八七三年就成立了！），凱文・葛雷迪（Kevin Grady）是他們的副總裁和設計長[48]。他在加入ＦＣＢ之前創辦過流行文化雜誌《檸檬誌》（*Lemon*），用來推介鮑伊、傻瓜龐克、傑夫・昆斯（Jeff Koons）、音速青春（Sonic Youth）等人

47 編注：全名為「博達華商廣告」（Foote, Cone & Belding）。
48 譯注：去年已被挖角到別的公司。

的原創作品。他不是典型科班出身的廣告業者，出手卻屢有斬獲，在坎城創意節、英國設計與藝術指導獎（D&AD）、One Show 廣告獎都獲得獎項肯定。

葛雷迪最有名的兩個案子，一個是重新設計美國食品和藥物管理署的營養成分表和標籤，你在大多數食品包裝上都會看到這個東西，另一個是為反菸倡議活動「真相」（Truth）所拍攝的電視廣告，裡面請來一個動了氣管切開術的牛仔[49]，用喉嚨上開的洞唱歌給大家聽，勸年輕人戒煙。

當年葛雷迪會重新設計食品營養成分表，是因為歐巴馬政府在推行健康飲食習慣，委託他做這個案子。他說：「我心裡出現的畫面是抱著哭叫嬰兒的媽媽、年邁的長輩，還有視力不良的糖尿病患。」於是他做了營養學家或包裝設計師可能不會做的選擇，例如把標示熱量的字體放大三倍。那則牛仔唱歌的廣告獲葛萊美獎兩項提名之後，他說：「那個廣告是得了很多獎，但更重要的是，它真的改變了青少年抽菸行為。其實對我來說真正重要的，也是我進廣告業的主因，就是『真相』這種案子，讓我能參與我覺得重要的理念。」

去年秋天，葛雷迪跟我們暢談了一回。他覺得探索個人重視什麼是很重要的，並聊到如何藉此達成有意義的互動，也不要害怕動感情。

「我剛開始當設計師的時候，花很多時間拼命做客戶的案子，現在也是，但難免會有侷限。你可能覺得有些東西有個最能貼切傳達的方式，客戶卻可能另有想法，而且他們的想法或許真的比較好。後來我實在很想做點能全權主導的事，於是《檸檬誌》誕生了。我透過這份雜誌自由探索了我當時著迷的主題，不論鮑伊還什麼的，想把這些事情炒熱，才能邀別人來說說他們怎麼看。那時我完全就是個熱衷流行文化的白人阿宅，對自己覺得很酷的東西一頭熱；不過跟我臭味相投的人通常很眼尖，會嗅出這很有料，然後會想參一腳。」

令你深深感動的東西，別人也會很有感。這樣的感動起初就是在很直覺的層次與人連結——你感染別人的是自己的信心、抱負和使命感。葛雷迪也透過音樂創作探索了如何與人連結。雖然他一項樂器也不會演奏，還是跟洛杉磯的埃及豔后唱片公司（Cleopatra Records）簽下一紙電音唱片合約，用了「黑色塑膠」（Black Plastic）這個藝名。

「寫旋律對我來說還滿容易的。我懂什麼叫結構，也有很棒的搭檔。而且說到音樂，大家有

49 譯注：早期美國很多香菸廣告以牛仔為主角，把抽菸形塑成一種帥氣陽剛的行為，所以很多反菸廣告會刻意拿牛仔來逆向操作。

沒有起反應是一翻兩瞪眼，要麼喜歡，要麼不愛。那些有聽進去的人，我們就像跟他們達成非語言層次的連結。我用黑色塑膠這名字是想創作黑暗的音樂。我不是對哥德風特別感興趣，而是覺得這世界有時真的很黑暗，要應付那種黑暗，音樂對我來說是很棒的方法。我的音樂或許是合成出來的，但歌詞非常真實，裡面的情感非常、非常真實。希望我的音樂就是因為這樣有了靈魂。」

其實，我們原本給這一章訂的章名是「表演」。可是我們在撰寫過程中醒悟，本章的內容不適合用表演來形容。我們一直都在表演：在職場、在人際關係裡、在網路上。可是傑出的表演者想從觀眾身上尋找和創造的，並非演出本身，而是更深刻的東西：探索我們的信念，與我們一起馳騁想像，分享人生體驗。你真正想要的是站在臺前，唱出你的心聲，並且聽見別人也用心聲回應你。

推薦曲目

間奏六

藝人透過表演開闢了一個空間，讓聽眾暫時放下猜疑，與他們共享體驗——這些現場表演錄音就紀錄了這樣的時刻。歌單壓軸的歌曲，則出自本章另外提到的藝人。

歌單

〈聯合國秘書長的問候〉（Greetings from the Secretary General of the UN）／《航海家一號黃金唱片》（*Voyager Golden Record*）

〈嘎嘎廣播〉（Radio Ga-Ga）（拯救生命演唱會）／皇后合唱團（Queen）

〈欸——喔〉（Ay-Oh）（拯救生命演唱會）／皇后合唱團

〈葛羅莉亞〉（Gloria）（紅石露天劇場現場演出）／U2

〈環遊世界〉（Around the World）、〈更拼，更好，更快，更強〉（Harder, Better, Faster, Stronger）「現場版」／傻瓜龐克（Daft Punk）

〈國歌〉（National Anthem）「現場版」／電台司令（Radiohead）

〈北美人渣〉（North American Scum）「現場版」／液晶大喇叭（LCD Soundsystem）

〈踢電視〉（Kicking Television）「現場版」／威爾可（Wilco）

〈狂喜〉（Rapture）「現場版」／金髮美女合唱團（Blondie）

〈學校不開門〉（School's Out）「現場版」／艾利斯・庫柏（Alice Cooper）

〈但願你也在這裡〉（Wish You Were Here）「現場版」／平克佛洛伊德（Pink Floyd）

〈男孩紙〉（Boyz）／M.I.A.

〈壞習慣〉（Bad Habits）／甘地夫人（Madame Gandhi）

深度聆聽：凱許的《弗爾森監獄現場錄音》（*At Folsom Prison*）。如專輯名稱所示，這是一九六八年一月他在那座監獄演出的錄音。凱許自己坐過七次牢，你可以感覺得出來，他和受刑人之間有種活力和同志情誼在流動。

第七章
重混：在發現和見證之間

他們是用這種模式找獲利：「我知道這在過去有用，所以我們未來肯定也要用這套。」我在會議室裡就說：「不對，大錯特錯。你得做的是全新的設計。你得做重混。」

——肖克利

「發明」是創造一種全新的產品、服務或流程。顛覆世界的發明，每幾百年會出現一次：印刷術，燈泡，$E = mc^2$。至於「創新」是對既有的產品或服務做重大改良，現在我們身邊就處處看得到創新，多半是巧妙混合既有的元素，重整成新的東西：

計程車＋時刻表應用程式＋地圖＝優步

廣播＋歌曲庫＋播放應用程式＝Spotify

可頌＋甜甜圈＋油炸＝風靡世人的可拿滋（Cronut）

在樂壇，所謂「重混」是指我們先蒐集既有的音樂片段，再拿這些「樣本」（sample）做成一首新歌的伴奏、架構或樂句。藝人既負責挑選樣本，也負責創作，考察同行的作品並借用有趣的片段。一般往往會把取樣（sampling）跟嘻哈音樂想在一起，但這路手法其實早就由披頭四引進流行樂壇。

聚過來，就是現在[50]

披頭四自一九六六年起不再做現場演出，為追求新的聲音效果展開創作實驗。哈里森帶著一把西塔琴（以及印度之旅對他的影響）來到錄音室，提倡以單一的C和弦為基準、和聲盡量不要偏離它。製作人喬治·馬丁（George Martin）帶來一具拿掉消音頭的錄音機，用這具機器循環跑錄音帶，就會自動疊錄到磁帶飽和為止。團員對這玩意兒很好奇，於是寫了超過三十個反覆段落來當作素材，把錄音帶時快時慢、時而倒轉播放，玩得不亦樂乎。在《左輪手槍》（*Revolver*）專輯裡，他們就從這些實驗錄音取樣再疊錄，用於〈明日有誰知〉（Tomorrow Never Knows）這首歌。

我們在這首歌裡，能夠聽到五個反覆段落：麥卡尼的笑聲，因為加速播放聽起來像海鷗叫；美樂特朗電磁琴（Mellotron）用長笛音效做的演奏；美樂特朗用弦樂音效在降B和C之間不斷反覆；一段降B大調的交響和弦；一段加速播放的西塔琴上行音階。

馬丁在他寫的《愛的夏天：比伯軍曹寂寞芳心俱樂部全記錄》（*Summer of Love: The Making of*

---

50 譯注：此為披頭四 Come Together 的歌詞

Sgt. Pepper）一書裡交代了這個製作過程。他們在多間錄音室播放這些反覆段落，每段各由一位錄音師調控，並且要額外拿支鉛筆撐住帶子[51]才能循環播放。八捲帶子同時播放，披頭四坐鎮混音控台，在歌曲進行間控制反覆段落的淡入和淡出。馬丁說，如此重混所得的成果舉世無雙，又因為是隨機疊錄，所以不可能重來。

麥卡尼提到這次創作經驗時說：「我們一直玩音量，不讓反覆段落重複太多次，你剛要聽出某一段反覆，我就讓另一段反覆淡入，就這樣……我們半隨機、半刻意地穿插播放，再錄成真正的母帶其中一軌，這麼一來，我們要是弄出一段好聽的，就直接讓它當獨奏。我們這樣操作了幾次，也換掉其中幾卷磁帶，最後終於錄到一段大家都很滿意的才收工。」

哈里森當年受訪時曾說，那首歌「絕對是我們做過最驚人的新東西」，但也表示聽眾要是不敞開心胸欣賞，可能會覺得那是「亂七八糟的噪音」。麥卡尼放這首歌給狄倫聽，結果狄倫給了很有名的評語：「啊，我懂，你們再也不想討人喜歡了。」隨即大步離開。然而時隔四十年，這首用樣本做成的流行歌曲，威力不減當年：《滾石》在評選披頭四最佳歌曲時，將〈明日有誰知〉排在第十八名，《Q》雜誌則把它列為史上最傑出歌曲的第七十五名。

混合搭配

披頭四在半世紀前靠取樣帶來一首經典傑作，但說到現代的取樣手法，肖克利才是天王。我們在第五章介紹過肖克利，訪問他時也不只有聊製作，還涵蓋了取樣、重混，以及他如何化靈感為作品。

肖克利不只以混搭饒舌、搖滾和龐克曲風聞名，他創新的「噪音牆」（walls of noise）手法也很出名，這是把樣本層層疊加，聽起來嘈雜又無調性，一個音軌往往就結合幾十個樣本，把取樣提升到藝術創作的層次。

他告訴我們：「首先你們要瞭解，我其實比較是個電影人，其次才是音樂人。我做每件事都從一個想法或故事開始，我做的音樂也一樣。音樂一定要有想法。」

肖克利的母親是職業鋼琴家，他的樂理是跟母親學的。對他來說，理論是應用的基礎。我們

51 譯注：這些反覆段落的磁帶，比播放器固定的捲軸間距長很多，因此才需要鉛筆做支撐。

問他，寫歌的時候，他是先想到故事，還是一種氛圍、一種感覺？他在發展故事時，又是如何從不同靈感來源取材？

「這就像逆向工程。你先有一個想法，這個想法又引導你去尋找別的想法和樣本。每樣東西一定都要讓你感覺到一種氛圍。我做音樂注意的不是樂器，像是貝斯、鼓、合成器和吉他之類的。頻率是唯一重要的東西。有了頻率，你就有了色彩。」

很多音樂人都有「聯覺」（synesthesia），例如威斯特、汪達、布萊姬、蘿兒（Lorde）、菲董，也就是他們聽見音符時，眼前會出現色彩，或嘴裡彷彿嚐到什麼味道。不過肖克利說的不是聯覺，而是一種更深刻的東西，那來自我們的感覺，每個人都能體會。

「你要是拿視覺光譜或聲音頻譜來看，會發現它們彼此對應，有相同的頻率。所以我要說的是，你要試著混合、搭配頻率，喚起一種你想要的感覺。大家會問我：「『你是怎麼弄出這些樣本的？你是基於什麼理由挑了這些樣本？』但重點不是我們選這個、不選那個的理由，而是那個樣本或特定聲音代表的感覺。某種聲音傳達了什麼訊息，又有傳達到立體的層次嗎？這就是從聲音延伸成創作計畫的方式。」

他也跟我們分享他創作的起手式，我們聽了覺得這跟柴爾德跟克魯討論歌名的方式很像。「我們先擬個大致輪廓，我跟查克 D（Chuck D）會好好坐下來一直想歌名，想到什麼全寫出來，一大堆各式各樣的歌名。然後我們看著這些歌名，找出共同的中心主題，再逐漸定調歌曲的精確樣貌、要傳達的訊息。」

我們也問他是否曾經反向著手，也就是先想到某個畫面或點子再由此發展，不過他堅定地表示：從來沒有。

他說：「先有個明確的點子，再以那個點子為框架，把作品填好填滿嗎？我從來沒有這樣開始過。我覺得這麼做很有問題，因為這給你預設了一定的關卡，可是我不想有任何關卡。我優先追求的是共鳴，讓共鳴來說故事。不過你同時也要去瞭解很多其他的事情。你得瞭解周遭環境、瞭解身邊發生的事情，像是外界動態，當代和歷史事件。你得應用這一切能量，轉化發揮。這麼一來，你想尋找的頻率就會出現。」

肖克利認為，你得對自己的才藝和每一項器材瞭然於心，創作才能臻於化境，而且既要瞭解你的才藝和器材有何用途，也要瞭解侷限何在。不過，器材的侷限不該成為阻撓，或害你停步不前；這時可以想想能如何拓展它的用途。

「很有趣，每次我拿到新設備，就會花大把時間閉門研究，就是你們說的進入研發階段。這個過程要磨很久。你不會一夕之間生出神作，又不是超市賣的現成麵團；創作不是那樣的。我把每樣設備翻來覆去摸個通透，搞清楚可以怎麼用、不能怎麼用。其實每個人也該這樣認識自己。別想去成為你仰慕的音樂人，做最好的你就好。把你自己的強項和弱點搞清楚。」

肖克利也用這套方法跟樂團和藝人合作。他對樣本，或許會大刀闊斧地剪接重混，不過面對人，他更在意的是如何管理環境，而不是管人。

「我們製作人沒那麼好命，不是每次都能選擇合作對象好嗎，大多數的時間都是別人把不怎麼樣的藝人丟過來，言下之意是：『啊你不是很會做暢銷金曲，我就要你幫我們家藝人做一首啊！』錯，這樣行不通的。我考量的準則是：我跟這個藝人可以做些什麼，不只跟市面既有的東西不一樣，也有別於他自己一直在做的東西？我要怎麼放大跟／或是隱藏他的強項和弱點？」

藝人也是可以重混的，肖克利就跟我們說了個絕佳範例。新版本合唱團（New Edition）是八

○年代的節奏藍調天團，不過在一九八九年，有三名成員在巴比・布朗（Bobby Brown）單飛後也離開了新版本。肖克利受邀與這三人合作，他們是理奇・貝爾（Ricky Bell）、麥可・比文斯（Michael Bivins）、羅尼・德沃（Ronnie DeVoe）。挑戰何在？他們沒一個是主唱。

「我第一個念頭是：為什麼跟我合作的不是巴比・布朗、勞夫・崔斯凡（Ralph Tresvant），還是強尼・吉爾（Johnny Gill）[52]呢？誰都想跟主唱合作，但有時你就沒那個命。所以我第一件事就是問他們：好，你的強項跟弱點是什麼？貝爾音準氣長，鎮得住合音。麥可跟羅尼比較像合音天使，得有個人來當主唱，讓他們兩個側面補強。」

肖克利把這個挑戰當成重混來處理：他請比文斯跟德沃負責饒舌，貝爾專注於演唱。得到的效果很好。他們組成ＢＢＤ三人組[53]，首發專輯的兩支單曲都攻上告示牌百大單曲榜第三名。因為善用每個人的強項，他們的銷售成績幾乎超越新版本。

52 譯注：這些都是新版本比較傑出的主唱。

53 編注：ＢＢＤ三人組的全名為「Bell Biv Devoe」，由三位成員的姓氏組合而成。

還有一個更棘手的例子，也是靠重混闖關成功，就是他為饒舌藝人暨製作人冰塊酷巴（Ice Cube）做的第一張錄音專輯：《美國頭號通緝犯》（*AmeriKKKa's Most Wanted*）。在一九九〇年那個年代，美國東西岸的音樂風格迥然不同。東岸作品節奏快，簡直有殺氣，而西岸的旋律性比較強。

「兩邊基本上是兩個不同的星球。在那年頭，東岸藝人不怎麼喜歡西岸藝人，反之亦然。我們從西岸找來一個大咖，想跟他做一張彰顯他個人特色、風格道地的唱片，同時又要符合東岸品味。要讓一張唱片兼具兩種感覺、橋接兩種風格，該怎麼辦才好？

「那真的很花腦力，也是集畢生功力於大成的時候。要成功只能善用頻率，開拓第三向度。」

我們一再聽肖克利提到，創新所需的一切材料，他手邊其實都有了。但你要是不能善用頻率就會選錯材料，或是做出跟原始素材幾乎一模一樣的成品。然而肖克利總是在顛覆和創新，不論創作或經商時都是。

「我從前學的是經濟；我沒唸過一天音樂。不過我很快發現，創意產業的人不懂經商，商人也從沒懂過創意，雙方永遠都會起摩擦。做音樂沒有截止期限和時間表，我要自由揮灑思緒，我要動用全宇宙的資源就為了生出一件作品。經商正好相反：有截止期限、標點符號和數字。一直以來，我都有辦法既跟音樂人溝通，也跟公司主管溝通。

「你得知道商人要的是什麼。是獲利。可是他們大半時間是用這種模式找獲利：『我知道這在過去有用，所以我們未來肯定也要用這套。』我在會議室裡就說：『不對，大錯特錯。你得做的是全新的設計。你得做重混。』。這就像弄來一臺原本有某種用途的機器，然後我說：『不，我不要這臺機器做你說它能做的那些事。我想用它做完全不一樣的事，但想達到同樣目標。』這就是你生出新概念、新點子的方法。今天我們工具都有了，卻沒做足夠的重混。我們沒有觸及問題的核心，創意發揮得不夠。」

當創作契機出現，例如一個故事、一種氛圍、一種引起更深刻共鳴的方式，肖克利不只會從腦袋裡挖庫存。他會刻意叮嚀自己抱持開放，抱著同理心接收外界資訊。

「世間萬物都令我敬畏不已，所以我一直要自己保持虛心。我對什麼事情都著迷。我想瞭解你當下的感覺。要當個好的製作人，你幾乎得跳出自己的肉體，潛進你正在製作的藝人或計畫當中。這就是我建立連結的方式——從抽離自我的角度看事情，才能看到別人正在經歷什麼。然後我就能運用那種能量來說明我希望別人瞭解的想法，給人的感覺也更真誠。」

合成之聲

重混或合成，是音樂人的技能，也是經營事業的不可或缺。蒐集看似迥異的資訊、辨認出其中的關聯和模式，再把五花八門的元素統整為一體——發明和創新靠的就是這種能力。蘋果的第一只滑鼠是把體香劑滾珠挪用於使用者介面，自助收費加油機則是結合提款機介面和農用噴灑器。

說到合成器，你可能會想到舞臺上的山葉電子鍵盤，或阿嬤家地下室擺的電子琴。世界上第一臺合成器結合了電子發聲器（electronic sound generator）和序列器（sequencer）的功能，於一九二九年問世，發明人是法國人艾篤瓦·庫卜勒（Edouard Coupleux）和約瑟夫·吉渥雷（Joseph Givelet）。根據這對搭檔申請美國專利的文件，他們把這項創作稱為「電子振盪式自動樂器」（automatically operating musical instrument of the electric oscillation type）。因為「AOMIOTEOT」[54]太難記也不好唸，一般大多簡稱它為庫卜勒－吉渥雷合成器。這臺機器的工法在概念上很簡單，實做起來卻相當複雜，要將電子音訊和機械打洞的控制紙帶精準結合。一九五六年，RCA電子公司（RCA Electronics）用「合成器」稱呼他們生產的馬克一號（Mark I），這臺機器也是用紙卡控制音訊，發明人是美國工程師哈利・奧爾森（Harry F. Olson）和赫伯・貝勒（Herbert Belar）。不過要等到一九六〇年代，因為一位仁兄的創新發想，合成器才成為我們今天所知的樂器，他就是巴布・穆格（Bob Moog）。

一九六〇年代的人熱衷於實驗，從藝術形式、集體生活、迷幻藥到新興宗教都不例外。到處有人跳脫舊時的偏見和預設立場，投入自由思考，社會文化的每個角落都敞開來探索未知，適應新局，重新創造。

穆格是工程師之子，學生時代主修物理。他在青少年時期愛上了特雷門琴（theremin），這種電子樂器看似頂著特大號天線的木製收音機，早年很多科幻片和恐怖片會拿它來做音效，一般人大多就是從電影認識了那個纖細又詭異的琴聲。不過這項樂器很難演奏，音準不好控制，幾乎不可能精通。

---

54 譯注：取裡面每個字頭一個字母的縮寫。

穆格長大後在紐約上州開樂器行，每當有樂手上門來，他就花點時間教他們彈特雷門琴。有天，海灘男孩（Beacy Boys）的布萊恩．威爾森（Brian Wilson）來光顧，穆格也演奏特雷門琴給他看（你可能有注意到，海灘男孩〈感覺很對〉〔Good Vibrations〕這首歌用到了特雷門琴），威爾森跟著把玩了一會兒，然後對穆格說，特雷門琴要能用於流行音樂，得像吉他一樣有琴榆才行。

一九五〇年代末期，穆格打理出一個工作空間，開始拿各種材料做實驗。最後他找到一臺一九二〇年代的老機器，從裡面取下一條長長的帶子，上頭有些標記，用手觸碰那些地方就能演奏出幾個特定的音符。接著在一九六三年，穆格認識了作曲家赫伯特．德意志（Herbert Deutsch）並聽從他的建議，把壓控振盪器、揚聲器和一臺鍵盤組裝在一起，成為世界上第一臺壓控合成器的原型——一具全靠電子音頻來演奏的樂器。

現在鍵盤已經到位，但它還要能演奏各種聲音和音效模式，例如鋼琴、大提琴、雷鳴——有無限的可能。現在穆格只要調配音色，透過實驗把聲音操做到逼真就好。

在得獎記錄片《穆格》（*Moog: A Documentary Film*）裡，他說：「我要是聲稱『這是我想出來的』，就太自大了。我只是敞開心胸，這個點子就這麼跑進來……我好像既在探索，也在見證些什麼。」

除了穆格，也有其他人在探索這個領域。艾倫・帕爾曼（Alan Pearlman）和大衛・凡德（David Friend）都對合成器情有獨鍾，在一九六九年攜手創立ARP樂器公司（ARP Instruments）。許多音樂人很快成為他們家的愛用者，例如汪達、何許人合唱團和齊柏林飛船等。凡德從前在耶魯大學念作曲，畢業後覺得恐怕很難以此為生，於是研究所改攻讀電子工程；如今他已是炙手可熱的雲端儲存新創公司「芥末」（Wasabi）的執行長。

「其實我一直都是科技玩家，小時候就是火腿族，一天到晚都在拼裝電子器材。我發現，開公司的感覺跟作曲很像：做這兩件事，至少打個比方來說吧，都得從一張白紙開始。」

凡德解釋，他創立ARP的時候，合成器剛問世不久，沒人真正摸透這些玩意兒能怎麼用。每次聽不同樂手用合成器演出，都很新鮮刺激。他若無其事地告訴我們：「每次聽史帝夫・汪達用2600，或是賀比・漢考克（Herbie Hancock）用奧德賽（Odyssey）[55]，我們都嘖嘖稱奇。汪達第

55 譯注：2600、Odyssey都是ARP生產的合成器。

一次學用合成器，就是在我辦公室裡。」不過，撇開各種前所未有的音效不談，實用性也是個問題。當時的合成器笨重又脆弱，比較像錄音室的電子設備，可是舞臺演出所使用的裝備講究易用耐操、方便攜帶，所以合成器的設計和工法並不適用。連接線對樂手來說尤其棘手，也就是模組合成器（modular synthesizer）用於輸出和輸入的線路。從電力到音源都要連接線，所以合成器上往往插滿線路，簡直像被彩色麵條埋住。雖然沒人要凡德處理這個問題，他還是自己發現了，並著手解決。

「我看到樂手在舞臺上用 2600，為了操作連接線手忙腳亂，我就說：『我們得把連接線全部擺脫掉。全部。』從來沒有人這麼做過。」他繼續說，「從來沒有樂手要求要一臺不用連接線的合成器，他們可能無法想像這怎麼做得出來，不過這就是搞發明的目的嘛。」大衛有能力觀照全局，把使用情境、科技和使用者都納入考量，認出共同需求，預先想到下一步要做什麼。他不只運用這個能力經營 ARP，也用於他後來創立的七家公司。

「很多高級主管認為，你只要聽顧客的話、由他們告知有何需求，就會成功。我認為這不是真的。只做顧客說想要的東西，就像看著後照鏡開車。你得創造超越多數人眼界的東西。每個人都已經看到的事，要做就太遲了。」就像凡德和肖克利，你也得善用頻率助你一臂之力。

既在探索，也在見證

很多人抱著開放探索的精神做重混，也過程中發揮了同理心和才藝，披頭四、肖克利和穆格都是很好的例子。如此帶來的成果是全體合一的共識——沒有任何一人的聲音強過別人。我們兩人都在職涯中見證過這樣的成果，不論是早年創業階段，或是近年我們各自的公司在阿拉伯聯合大公國（簡稱阿聯酋）與當地人合作的計畫。帕諾斯成立了伯克利阿布達比分校，麥克的同事則在杜拜開設「棕櫚木」（Palmwood）創意實驗室，這是IDEO和阿聯酋政府合辦的機構。在這兩項計畫裡，雙方是出於共同的使命而攜手合作，從中東和西方文化取樣，創造嶄新的成果。

伯克利在一九四五年創校時，在全世界首開先例，專門教導當代音樂——我們這個時代的音樂。這是音樂界前所未有的課程安排，既傳授學生爵士樂理，又讓他們在學院派場地表演，傳統音樂學院看了嗤之以鼻。然而這個概念既充滿革命性又恰逢其時，因為許多自二戰戰場返鄉的美國大兵想進爵士樂團謀生，卻不知何去何從。四年後，伯克利就有了超過五百名學生。

從那時起，伯克利不斷拓寬當代音樂教育的意義，達成多項創舉：率先接受電吉他為樂器，設立音效設計、詞曲創作和電影配樂學位，也是第一家將合成器、唱機轉盤和電子數位模組納入樂器行列的學院。教職員的目標始終如一，致力為學生開創切合時下所需的契機。對切合實用的追尋，引導我們在藝術形式、音樂傳統、科技和組織機關之間建立新的連結，創造一個追求創新、合作與社群關係的國際網絡。到了二〇一八年，伯克利在波士頓、紐約和西班牙瓦倫西亞都有了校區和院所中心，我們決定放眼中東。

很多原本互不相識的人，因為新興的藝術表現形式走到了一起。如果我們的目標是創造密切合作的教育社群來支持這些藝術，又怎能忽略阿拉伯國家和中東文化呢？

帕諾斯剛開始與阿布達比旅遊文化部洽談建校事宜，就認識了部長穆罕默德・卡里發・穆巴拉克（Mohamed Khalifa Al Mubarak）。穆巴拉克在阿布達比出生長大，後來赴笈波士頓東北大學（Northeastern University）主修經濟和政治科學。他負責主持阿布達比的教育計畫、扶植電影產業，並透過房地產開發案，以經典建築設計改造都會區結構——他的直接上司是阿布達比王儲的兒子穆罕默德・賓札耶德・納哈揚（Sheikh[56] Mohammed bin Zayed Al Nahyan）。

帕諾斯知道，阿布達比文化部已邀請羅浮宮、古根漢博物館、紐約大學到該國設點，薩迪亞特島（Saadiyat Island）文化園區還有一座札哈・哈蒂（Zaha Hadid）操刀設計的表演藝術中心。為參加二〇一〇年上海世界博覽會，阿布達比斥資興建了一棟廣達三千九百平方公尺[57]的展館，用了兩萬四千件不銹鋼建材。博覽會閉幕後，他們又將展館拆除，不辭六千五百公里路程將建材全數運回國內，在薩迪亞特島上重建。不過這只是空有硬體建築，阿布達比文化部想商請組織機關合作，培訓該國的年輕人成為音樂、舞蹈和戲劇人才。他們會找上伯克利，正是因為阿聯酋政府想厚植年輕世代的創造力。諸如音樂、戲劇、舞蹈這類表演學門，別的學校可能會堅持以正統手法詮釋他人寫的曲譜，伯克利卻展望未來，認為有助於當代創意表現的藝術領域，還有待現代人自己去開發。

伯克利的觀點正合阿布達比領導人的心意。阿聯酋的人看得出來，伯克利無意將西式音樂教

56 譯注：「sheikh」是阿拉伯語的尊稱，有長老、酋長的意思。也因為他是王儲之子，所以後半譯文稱他為「王子」。
57 譯注：約合一千一百八十坪。

育強加在他們身上、教學生表演其他民族的作品，而是想立足於該國既有的基礎，陪伴新一代阿拉伯青年找到自己的創意表達方式，並與全世界共享。伯克利原本就有出身中東和北非各地的校友，早有類似的教育經驗，這對我們有莫大的幫助。這裡只舉一個例子：皮娜．托普拉克（Pinar Toprak）是我們土耳其裔美籍的校友，目前擔任電影、電視和電玩的作曲家。她拿過兩座國際電影樂評協會獎（International Film Music Critics Associations Awards），近來又為賣座大片《驚奇隊長》（*Captain Marvel*）譜寫配樂，而且是首開先例——這種票房十幾億美元的超級英雄電影是第一次聘用女作曲家。

二〇一九年四月，旅遊文化部執行主任麗塔．阿布杜．奧恩（Rita Abdo Aoun）說：「你們的動作能不能快到讓中心在二〇二〇年初準備就緒？」帕諾斯很認真地掛保證：「你們要是能把建築準備好，我保證伯克利會打點好我們負責的部分。」

二〇二〇年一月，伯克利中心啟用的一個月前，帕諾斯到實地參觀。整棟建築煥然一新，設有表演空間、錄音室、排演室、練習室、合奏室，以及多媒體科技實驗室。帕諾斯在這趟行程會見了穆巴哈克和賓札耶德王子。令帕諾斯驚喜的是，這位王子談吐溫和，十分用心聽人說話，而且一點架子也沒有——就連長袍下露出的涼鞋都是實穿的普通款式。他的祖父是阿聯酋的國父，早在該國發現石油前就制訂了五十年國策，透過文化的潛移默化使阿布達比的貝都因人脫胎換骨，成為今日阿聯酋繁榮的發展重心。賓札耶德王子也矢志推動祖父的治國願景。

王子在討論時問到兒童音樂的問題，想瞭解音樂如何影響年輕族群的生活，所以穆巴拉克說到一半拿出手機，讓我們看他的雙胞胎女兒唱〈隨它吧〉（Let It Go）的影片，就是伊迪娜・曼佐（Idina Menzel）為迪士尼電影《冰雪奇緣》（*Frozen*）唱的那首暢銷歌曲。巧合的是，帕諾斯也有一對雙胞胎女兒——帕諾斯大方承認他把歌詞背得滾瓜爛熟！這就是了：我們三個人出身不同的背景、經歷和文化，我們的女兒卻都用同樣的方式表達自我——唱她們都喜歡的一首歌。

事隔一個月，在伯克利阿布達比分校啟用日當晚，我們都出席了開幕音樂會。那個場面真教人嘆為觀止：臺上的樂團成員來自阿聯酋、黎巴嫩、印度、約旦、墨西哥、法國、美國和日本，同臺演出的還有史帝夫・范，就是你之前讀到的傳奇吉他手和發明家。這是一次精采的跨民族、跨文化合作，全體合唱同樣的曲目，用歌聲鼓勵臺下的年輕人寫出自己的歌曲。

接下來的週末，我們見證了令我們由衷欣賞的一幕。我們的好友和同事史蒂芬．韋伯（Stephen Webber）是伯克利紐約分校主任，那天，我們拍下他教學生用唱片轉盤的情景。在那張照片裡，圍繞桌邊的女學生有人穿著印度莎麗，也有人穿著西式服裝或希賈布。這讓我們醒悟到，對許多阿布達比的年輕人來說，這將是他們首度有機會表達個人經驗，透過藝術創作傳講他們的故事，站上世界舞臺。數千年來，許多女性從來沒有機會發聲，無緣表達她們源於日常生活的獨特經歷。透過音樂、科技和文化，她們將能與世界分享嶄新又美好的創作。

ＩＤＥＯ近來在阿聯酋也有一次相仿的合作經驗。近年來，愈來愈多客戶找上ＩＤＥＯ是想邀我們當合作夥伴——這是很大的轉變，因為我們原本是以接專案為主，幫客戶解決難題，而不是平等的合作關係。為了因應這樣的邀約，ＩＤＥＯ會創立實驗室再組成綜合型的設計團隊，由ＩＤＥＯ和客戶的員工共同參與，雙方背景往往大不相同，例如福特加ＩＤＥＯ、三井（Mitsui）加ＩＤＥＯ，以及塔吉特超市（Target）、麻省理工加ＩＤＥＯ。我們公司向來認為開放交流和共融是好事，所以這不失為合理的發展。

如同伯克利，ＩＤＥＯ在阿聯酋也是與政府合作，地點則是杜拜。棕櫚木創意實驗室源於穆罕默德·阿布杜拉·格伽維（Mohammad Abdullah Gergawi）的願景，他是穆罕默德·賓拉希德·馬克圖姆（Sheikh Mohammed bin Rashid Al Maktoum）酋長殿下[58]行政辦公室的主任，也是內閣事務處與阿聯酋未來發展處的處長。光從他的頭銜就能想見他肩負怎樣的重責大任，又是如何受人敬重。

在二〇一六年的世界政府高峰會（World Government Summit），格伽維在講臺上表示：「我們生活的地區並不平靜，激進主義和極端主義就在門口叩關。我們得運用全新的創造力來對抗激進主義。」

棕櫚木體現了他的願景，針對這個核心問題打造阿聯酋的未來：如果我們認真看待青少年的想法，協助他們強化創意肌肉，未來會有怎樣的發展？這是一個政府跨部門合作的計畫，初衷是使阿聯酋成為全世界最有創意的國家，作法是促進社會族群對話，為企業、藝術家和創業家培力，建立前景可期的創意經濟體。好奇心、慷慨大度和創造力是取之不盡、用之不竭的資源，棕

58 譯注：馬克圖姆為阿聯酋副總統兼總理。

櫚木成立的用意就是要強化阿拉伯人民身上的這些資源。打從棕櫚木啟用的第一天起，阿聯酋和IDEO就攜手應對各種挑戰，例如糧食供應安全、教育、年齡歧視、心理健康，為這個國家帶來新的施政計畫和政策。這是一場實驗，由兩個截然不同的文化、兩種截然不同的思維進行激進的合作：一方是政府，另一方是設計師；一邊是中東，另一邊是加州——這不只是反文化思潮的發源地，IDEO也恰巧在這裡誕生。我們很好奇，如果我們拿加州的樂觀精神跟中東的大膽進取做重混，再用來重新設計整個國家，會發生什麼事？

麥克初次造訪杜拜，就對當地百態雜陳的文化大為驚奇。大漠、高溫、沙塵、愛吐口水的駱駝——這些明顯特色自不在話下，對一個從小在田納西州長大的人來說也很新鮮。不過杜拜也是高科技之城，有搶眼的當代建築、嶄新的高速公路和電動車。清真寺坐落在哈里發塔的陰影中，而這棟摩天大樓每晚都有活力四射的雷射燈光秀。購物中心門口有保全機器人迎客，裡面除了精品商店林立還有一座巨型水族箱，供人觀賞鯊魚和鯨魚悠游其中。本地文化顯然早就接受了重混這回事。

米姬・辛克萊（Mitch Sinclair）原本任職於麥克的IDEO劍橋區分公司，現在擔任棕櫚木的首席創意長與ＩＤＥＯ執行設計主任。在杜拜，你常能看到她身穿對比鮮明的黑白連身窄裙、搽了鮮紅的口紅現身。她從裡到外都是一號大膽人物。我們向她請教棕櫚木的重混文化，領導一個由ＩＤＥＯ和政府雇員組成、成員背景天差地遠的團隊又是什麼感覺。辛克萊興高采烈地回答：

「我想我們會彼此吸引，有個原因是我們都定不下來。貝都因人生活在變化無常的沙漠，那也是他們文化的起源。每天早上一覺醒來，周圍的沙丘又變了形狀，簡直跟昨天是不同的地方。設計師也有類似的思維：『我不知道接下來會怎樣，所以我們來做實驗吧、試試看吧，我們來做點新的東西。』我們有很多共同點，卻沒有攪成一鍋毫無特色的大雜燴，這真的很酷。我們說：『你們當你們、我們當我們，在我們之間生出來的是怎樣的新東西，我們會想通的。』這不是一個漸變的過程。我們知道自己來到這裡有很多東西能教，但也有很多東西要學，這經驗很教人謙卑。」

從棕櫚木在二〇一九年執行的一個專案，能看到重混思維如何發揮作用。如同棕櫚木所有的倡議計畫，這次任務也是與政府共同發起。原本他們想要創造一個有別於激進主義的敘事，突顯伊斯蘭信仰的正能量與優點，只不過，當他們對年輕穆斯林測試這個想法，得到的卻是反對意見。他們說：「你們該對付的是人際疏離的根本原因、那些分裂社會的同溫層泡泡。大家都活在孤立的小世界——基督徒害怕穆斯林，遜尼派跟什葉派劃清界線，自由派跟保守派僵持不下，各國退回自己的世界。這個世界雖然前所未有的連通，卻也前所未有的孤絕，新一代年輕人就在這樣的世界裡苦苦掙扎，想認清自己的身分認同和信仰。」

這讓米姬聯想到邊緣效應（edge effect），知名大提琴家馬友友創辦非營利藝術組織「絲路計畫」（Silk Road Project）時，就把這個概念寫進組織宗旨，靈感來自生態系的邊緣效應。例如森林與草地相接時，交接地帶會形成新型態的棲息地，跟森林或草地內部都很不一樣。而藝術創作的邊緣效應，即是讓不同文化的精華相遇，在交集處創造新文化。馬友友透過音樂達成邊緣效應，米姬覺得別的創造性表達方式應該也可以。

首先，棕櫚木舉辦一系列晚餐會，邀請大家想不到一塊兒的人出席，例如其中一場，他們就同時請來一位穆斯林婦女（還有她的祖母與正值青春期的女兒）、美國基督徒、阿聯酋高官，藝術家和猶太拉比。在餐會中，他們鼓勵來賓討論身分認同，信仰和歸屬感的話題，而在阿聯酋，一般人很少跟外人討論這些事。每場餐會很快擦出獨特的火花，最後來賓總會交換聯絡方式，因為他們也想一起辦這樣的餐會。米姬讓我們看一張照片，畫面記錄的就是一場自然衍生的後續聚會：五名年輕女性圍坐在一間公寓小小的餐桌旁，她們分別來自阿聯酋、以色列、肯亞，美國和日本。雖然看起來怯生生的，她們還是一起討論個人的信仰和認同，分享人生經歷，尋求共識。

從如此結果看來，顯然有必要開闢新的活動空間，這不只是為了對話，也為了共同創作、混合（重混）這許多不同的思想——應該創立一個基金會來主辦這類跨族群聚會才對。於是米姬和IDEO的夥伴組成一支團隊來做這件事。

米姬解釋：「打從一開始我們就知道，加州和波士頓來的設計師不能主導這個基金會的視覺語言，因為他們只代表單一觀點，這太不尊重當地人了。所以我們找來各路人馬合作，一個是年輕的阿聯酋攝影師，一位沙烏地阿拉伯的材料設計師 material designer，還有西班牙動畫工作室啦啪砰（Rapapawn）[59]。我們請他們以全球青年為訴求對象，使用的語言既不能像政令宣導，也不能像正經八百的『跨信仰』倡議。這個〇八〇基金會[60]的品牌形象是一種粗獷、前衛、全球化又年輕的風格，源於中東又不只針對中東。這是阿拉伯世界送給世界其他地區的禮物，意思是：『嘿，

59 譯注：創辦人刻意選了一個沒有意義，只是胡亂發聲的詞彙。

60 譯注：該基金會似乎並未真正成立，Palmwood 的網站也沒有任何消息。

我們都能用另一種方式作自己喔！』」

團隊陣容隨著計畫涵蓋範圍一起擴大，後來又找來一名約旦裔加拿大建築師、土耳其設計學家、美國明尼蘇達州的平面設計師、第一代印度裔美籍商務設計師，還有一名敘利亞文案師。這個團隊本身就體現了他們正在籌備的基金會的宗旨，集合阿拉伯和西方世界交接處的設計，塑造新的文化。

米姬也分享了她與跨信仰藝術團體「聖所」（Sanctuaries）做研究時學到的一件事。

「兩群不同信仰的人彼此接近時，往往呈現一種『對抗』的態勢。可是當你和另個一人攜手創作，就會出現『前進』的態勢，因為你們是肩並肩的。不只口頭聊聊，也一起做點什麼，打造新的產品、新的服務。感覺就像把精力集中在共同的方向上。」

當你看著棕櫚木或〇八〇基金會，想要分辨出單一作者是不可能的。重混就妙在這裡——把各路資源無縫融合，創造全新的整體。就像一首歌，我們或許能辨別出組成這首歌的個別元素，如果不跟其他元素合在一起聽，就不完整。

找到共通的座標

前面分享過，碧玉利用她仔細聆聽情感連結的習慣，在二〇〇八年金融危機期間，協助她的投資公司和她的國家度過難關。不只如此，這位冰島歌手也將她對音樂、自然和科技如何交會的獨到見解引進教育界。她創立自然定律[61]教育計畫（Biophilia Educational Project），與科學家、軟體工程師、作家、投資人、樂器師傅和其他音樂人合作，以獨特的多媒體教學帶領學生從微觀到巨觀，探索宇宙和宇宙的物理力量。

這個計畫根據她二〇一一年的專輯《自然定律》（*Biophilia*）命名，而專輯本身就以多媒體形式推出，包含錄音專輯、為 iPad 設計的應用程式專輯，以及實體巡迴演出和教育工作坊等。《自然定律》有十首歌曲，各自闡述一個科學主題，例如〈結晶〉（Crystalline）的靈感來自晶體複雜的結構，以繁複的樂器編制呈現；〈病毒〉（Virus）的樂句就像病毒複製，不斷增加與重複。

61　譯注：此處原文為「biophilia」，比較貼近原意的說法是「親生命」，但這個計畫是根據碧玉的專輯命名，故依臺灣唱片公司的翻譯稱其為「自然定律」。

碧玉說：「我很容易模糊音樂和大自然的界限，因為這對我來說幾乎是同一件事。這個計畫是要探索聲音背後的聲音，頌揚它在自然界的巧妙運作。」

《自然定律》的 iPad 應用程式由十個單元組成，分別根據那十首歌曲設計。每個單元會介紹一點樂理（和弦、音階、琶音、對位等），並帶入一種科學現象。目標是以日常生活中普遍的自然體驗做比喻，讓樂理變得簡單好懂。

碧玉和音響師合作開發這個應用程式，他們最著重的問題是：操作界面簡單好用嗎？可以跟 iPad 軟體無縫結合嗎？最後，開發團隊決定使用一種經證實非常好用，學童也很熟悉的科技：觸控螢幕。使用者動動手就能飛過跟歌曲同名的行星，看著音符在捲動的五線譜上排列移動。他們也可以跟歌曲互動、動手折彎音符，或是點選更多內容再深入學習，想自己寫歌也行。

〈病毒〉唱的是一隻病毒愛上一個細胞的故事，愛到最後殺死了細胞。在〈病毒〉的互動遊戲裡，玩家能把入侵的病原體從細胞撥開，但要贏得遊戲，一定要輸給病毒，因為你得讓細胞死亡才能聽完整首歌。〈雷聲〉（Thunderbolt）單元教的樂理是琶音，裡面展示一段低音旋律，你可以點擊或撥弄閃電圖像，讓低音聽起來更明顯。

樂手跟工作人員抵達巡迴演出的各地城市，會在當地藝術中心帶教育工作坊。他們特別想觸及十到十二歲的學童，幫孩子培養音樂想像力，用不受拘束又負責任的方式發揮創意，並且從大自然汲取靈感。碧玉的想法是，透過這張專輯，每天至少可以教孩子一首歌。「第一天上午，他們會拿到實體教具，可以動手摸摸看、玩玩看，有生物學家跟他們講解。他們也能用那款應用程式，音樂老師會教他們音樂結構，然後他們可以寫自己的歌，存進隨身碟帶回家。」

她說：「我是想把電子產品最有趣的地方結合起來，用頂尖科技為孩子做右腦擅長的那種直覺型的東西，可又能把這些東西接上人類做過最有名的不插電樂器。」她又補充：「希望有一天，我們能更擴大這個計畫的教育層面。」

二〇一三年，碧玉為了擴大計畫在 Kickstarter 發起群募，為開發 Android 版「自然定律」應用程式籌措資金。她的募資頁面強調，這個應用程式有改革教育的潛力，對動症兒童也很有效。原本她的目標是在三十天內募得四十三萬六千〇五十七美元，頁面上線兩週後卻只募得了四%的款項。後來碧玉也得知，寫程式比他們原本想的更複雜，得動員八名工程師、花五個月的時間才能完成，於是她取消了群募。

她在募款頁面親手寫下一段訊息：「在這個計畫完成前，我不能放棄，因為它所針對的應該就是它最能發揮功效的領域……有太多人跟我們聯絡，等不及要為他們的學校採用《自然定律》的音樂學視角。」

其實，這套應用程式在六個月後就大功告成。她找到一位行動裝置專家，把這個 iOS 系統專用的應用程式轉成 Android 版。

碧玉在官網部落格貼文解釋：「他們想出新的方法，把應用程式轉成 Android 版，不只成本大減，所需時間也比預期少很多。我們很幸運，科技如此進步，現在只要花原先成本的零頭就有可能做到。」

此後，自然定律計畫傳播到許多北歐國家，格陵蘭和法羅群島也不例外。在雷克雅維克，小學老師和冰島大學科學家以及北歐理事會合作，指導小朋友學習作曲、合作、發展個人創造力。這個計畫在很多方面都跟美國的 STEAM 課程有異曲同工之妙，著重科學、科技、工程、藝術和數學教育。不過「自然定律」突出的地方在於，它把各門學科無縫融合，又加入創造力的培養。使用一般學校無法取得的工具，將各種學科重混，這種作法愈來愈常見。這是學校體系、文化機構和科研單位的靈活合作。如今碧玉的應用程式不只是冰島音樂教育的標準教材，也跨出北歐：巴黎、聖保羅、布宜諾斯艾利斯、曼徹斯特、洛杉磯、舊金山——應用這套計畫的課程、工作坊和學程在全球遍地開花。

而這一切的核心就是音樂創作。

曼哈頓兒童博物館與圖書館啟動自然定律計畫時，碧玉在發表會上說：

> 我自己從五歲到十五歲在冰島念音樂學校，雖然我很喜歡去上課，但也有點挫折。大家教音樂的時候，總是很學院派。每星期兩次，你要在椅子上乖乖坐好，有人跟你講一些東西，你再花一個半小時把那些小蝌蚪寫下來，然後就回家去。我覺得這好奇怪……大家那麼強調演奏家要學小提琴和鋼琴，卻完全不重視音樂創作。

自然律動的應用程式結合了科技與自然，不只是為了幫孩子瞭解樂理，也為了幫他們創作。

每款應用程式都有歌曲模式和樂器模式，所以學生不只能重混碧玉的歌曲，也能寫自己的歌。對碧玉來說，重混跟創造力緊密交織，不可分割。

她在一九九七年受訪時說：「我覺得大家實在太小看『重混』了。或許是因為，重混至今都只是唱片公司的手法，讓歌曲在廣播上更好聽、更好賣。這些年來，很多重混高手展現了驚人的創意……我會想拿這來與巴哈相比；重混就像他寫的管風琴曲。他沒有把音符全寫出來，所以不論是誰，演奏時都有變化的自由。」

推薦曲目

間奏七

這份歌單從炸彈小組製作的三首歌曲開始，接下來的曲目則把取樣手法玩到極致。倒數幾首歌也是靠取樣寫的，不過創作者不著痕跡地結合他們找到的材料，再也聽不出樣本的原貌。最後以一曲精采的合成器合奏結束。本書所有歌單就屬這一分最難選，因為取樣跟重混在數位時代已成為標準手法，所以這真的很後設：可以供我們取樣的樣本多得數不清！

歌單

〈不死毒蟲之夜〉（Night of the Living Baseheads）／人民公敵（Public Enemy）

〈炸彈〉（The Bomb）／冰塊酷巴（Ice Cube）

〈跳跳跳〉（Bounce That）／閨密有話說（Girl Talk）

〈搖起來〉（Shake Your Rump）／野獸男孩（Beastie Boys）

〈新污染〉（The New Pollution）／貝克（Beck）

〈抓狂〉（Flipped OUT）／馬卡亞・麥克文（Makaya McCraven）

〈更強〉（Stronger）／肯伊・威斯特（Kanye West）

〈天使的眼睛〉（Angel Eyes）（拉尤 & 布希哇卡！〔Layo & Bushwacka!〕重混版）／艾拉・費滋潔拉（Ella Fitzgerald）

〈你笑，世界也笑了〉（...And the World Laughs with You）／飛行蓮花（Flying Lotus），湯姆・約克客串演唱

〈大天使〉（Archangel）／墓地（Burial）

〈神州〉（Shenzhou）／生物圈（Biosphere）

〈閉路〉（Closed Circuit）／凱特琳・奧瑞莉雅・史密斯（Kaitlyn Aurelia Smith）、蘇珊・希雅妮（Suzanne Ciani）

深度聆聽：這邊一次推薦三連發！首先請聽《金曲大解密》針對碧玉〈粹石人〉訪談的那一

集，她在裡面剖析了這首歌所有的元素。接下來請聽看守人（The Caretaker）的《世外空無桃源》（*An Empty Bliss Beyond This World*）。這是一張根據阿茲海默症病患研究所做的高概念專輯，用刮傷的交際舞曲古董唱片做重混，整張專輯的音質逐漸劣化，有如消失的記憶。最後請聽聽看鼠尾老大（Danger Mouse）的《灰色專輯》（*The Grey Album*），這是拿傑斯的《黑色專輯》（*The Black Album*）和披頭四的《白色專輯》做重混，在串流平臺上是找不到的。

第八章
感受：不是建築，是園藝

我想把「投降」重新定義為主動動詞。
——布萊恩．伊諾（Brian Eno）

我們與泉陽子（Yoko Sen）再度見面時，她提出一個她這兩年演講總會問的問題：「臨終前，你想聽到的最後一個聲音，是怎樣的聲音？」對她來說，這是個關乎慈悲的問題，也是她在二〇一五年來IDEO駐村時想到的。

我們的同事尼爾・史蒂文生（Neil Stevenson）從前擔任英國音樂與時尚雜誌《臉龐》（*The Face*）的編輯時，發起了「IDEO雙週」（IDEO Fortnight）駐村計畫，泉陽子就是當年的駐村藝術家之一。這個計畫的概念是把創意人才帶進公司，讓他們不受任何限制，以創作回應辦公空間，希望為員工和客戶帶來啟發。泉陽子是氛圍電音樂手和聲音藝術家，在駐村期間與創意科技家阿堯・歐康森德（Ayodamola Okunseinde）合作了聲音與雕塑裝置〈母語〉（Mother Tongue），這件獨特又美妙的作品描摹出一個樂觀的未來，機器人與人類在其中和諧共存。泉陽子負責創作聲音地景和旁白，結合歐康森德由微電腦驅動的「同理心機器人」，為我們布置了一個互動情境來探索這個基本的問題：機器人能學會愛嗎？

歐康森德製作機器人「生命形式」的方法，是把塑膠泡沫注入布袋，任由鼓脹的泡沫從布料的孔洞滲出，形成宛如生物體的團塊，就像碧玉的音樂錄影帶會出現的東西。他給這些不定形的詭異生物塗上顏色，再接上喇叭，LED燈泡和麥克風。大家要是對著它們說話，他們會「學起來」，用泉陽子變造了音高的嗓音回答，形成一個同理心循環：人類關懷機器人，機器人也關懷人類。我們看著這項裝置作品逐漸成形，後來又學著去愛這些受造物（並希望它們報以愛意），這個過程令人意外地感動。不知為何，這些機器人跟聲音地景感覺非常個人。

後來我們才發現，這件作品確實很個人。我們原本毫不知情的是，泉陽子來駐村時大病初癒，在此之前，她因突發疾病在醫院裡待了好幾個月。住院令她痛苦不堪，原因不只是難吃的果凍、要用便盆如廁，也因為病房裡的噪音持續不絕，害她的音樂腦深受折磨：冰冷無情的警鈴叮叮咚咚，還有各種儀器嗶嗶作響。根據《紐約時報》的一篇報導，在病房裡，泉陽子聽見心臟監測器發出音高近似C的聲音，另一台儀器同時嗶嗶叫著尖銳的升F。這兩個音撞在一起極不和諧，中世紀的教會還說這是「魔鬼音程」，禁止演奏。更糟的是，這些儀器的聲響從不停歇，也永遠沒有解決（resolution），偏偏人類的腦袋就想聽到不和諧音程達成解決。

她告訴我們：「我被這些噪音包圍，想起我曾經讀過，人死時最後喪失的官能是聽覺。」於是她猛然醒悟，她臨終前最後感知到的可能就是嗶嗶嗶的噪音。

泉陽子以合成器軟體創作調性舒緩的樂曲，也與長笛、薩克斯風、大提琴和小提琴手合作，進行現場演出。她與電音團體「竊盜集團」（Thievery Corporation）的羅比・葛澤（Rob Garza）在全球巡演，兩度獲提名為華盛頓特區最佳電音藝術家。不過她的志向在住院後轉了個彎。

她在IDEO駐村後又創作了其他藝術裝置，想鼓勵社會大眾思考聲音的意義、聲音又能如何增進（或減損）醫療環境的生活品質。醫護人員也告訴她，噪音確實會讓人倍感壓力，而且不只是病人受苦，醫院員工也是。參觀泉陽子展覽的人開始關切：這情況怎樣才能改善呢？

她告訴我們：「突然間，大家期待我能解決這個問題。我從沒想過要創業，我覺得我不是這塊料。我甚至覺得自己不夠格當設計師。感覺比較像是：我能做些什麼來解開這個謎呢？」

於是泉陽子創辦了社會企業「泉音」（Sen Sound），旨在改變醫療機構的聲音地景。泉音與約翰霍普金斯西布里創新中心（Johns Hopkins Sibley Innovation Hub）和史丹佛醫學X實驗室（Stanford Medicine X）合作，研發比較安全的病危示警方式，以及符合成本效益的抒壓措施，希望能減輕病人和醫護人員的壓力。

她告訴我們：「很多醫護人員告訴我，他們總覺得自己沒有權利說：『這些噪音煩死我了。』解決辦法未必是讓這些嗶嗶聲變得比較和諧，雖然對音樂家來說，這是一鍵就能搞定、簡單直覺的解方，但我不認為這就是答案。有一小群人為醫療設備設計出那些聲音，還有規範訂定這些聲音聽起來該是怎樣，而這群主事者多半不是最終得聽這些聲音的人。我不是說他們是壞人，我敢說他們全是出於好意。所以我們想做的是開創一個流程，把民眾拉進來參與聲音設計，讓最終得聽這些聲音的人，像是護士、病人、家屬，成為討論的中心。」

泉陽子是音樂家，很習慣運用聽覺表達複雜的想法。不過她告訴我們，創業為她打開了表達與溝通的新大門：「我雖然很容易同理別人的感受，卻不是很敞開的人。其實我很封閉，音樂比較像是我進入這個世界的方法，從前我也只知道這個方法，不然就不曉得怎麼跟別人連結了。不過這些年我變了很多，因為我不得不向人好好說明我的想法、跟很多不同的人討論。」

「我看到大家的心態在改變；我們希望在接下來幾年看到的系統性變革，在很多方面都始於這種心態的改變。討論我們害怕或忌諱的事，像是臨終，會讓我們返回人性赤裸裸的根本。頭銜不重要、職業也不重要。這逼我們不得不展現脆弱——可是一旦大家願意進入那種狀態，文化差異、年齡差異都不再重要。那是一種讓我們心連心的方式。人都難免一死。我們之所以有大眾媒體和流行文化，就是為了讓人分心，不然死亡實在太恐怖了，我們不想去想那回事。可是當我們面對那種恐懼，其實有很大的好處。我們會更充分利用人生，看事情也更透徹。」

我們的心智與外界交流時，身體會如何起交互反應，大家應該都不陌生。回想一下，你是否曾經在氣惱時，幾乎不自覺就緊握雙拳。又或者受到驚嚇，耳朵好像一根針掉到地上都聽得見。或是你心情大好，於是天光好像突然明亮起來、周遭的氣味也更為鮮明。我們的肉身自有一套運作法則：身體跟外界的互動會左右我們的心情，反之亦然。

聽身體的話

音樂人都懂得創作與個人身體律動相呼應的作品，而那也就是在呼應聽眾的身體。為什麼有些音樂聽了會想跳舞？因為那與我們的血肉之軀是合拍的。人體正常的心律約為每分鐘六十下，而一般流行歌曲的節奏大約是每分鐘一百二十拍。當廣播流洩出女神卡卡的〈糟糕羅曼史〉（Bad Romance）或傻瓜龐克的〈交個好運〉，歌曲拍速介於一百一十六到一百一十八之間，我們聽了馬上血流增加，搖頭晃腦，情不自禁地跟上節奏。菲董的〈快樂〉拍速是一百五十六，難怪你會忍不住跟著手舞足蹈！不過音樂還能觸發很多體感，節奏只是其中之一。

我的血腥情人（My Bloody Valentine）是愛爾蘭的搖滾樂團，他們有名的不是讓人想隨之起舞的勁歌，而是另類的吉他音效，聽起來既有環繞效果又有種恍惚感，好像直直打入你的肺腑，卻又美得難以言喻。他們在一九八三年成立後發行了一系列專輯和迷你專輯，曲風一路從鄉村搖滾（rockabilly）轉型成龐克，不過說到現場演出，他們最愛搞嘈雜又震耳欲聾的音效。

他們的主唱凱文・希爾茲（Kevin Shields）說：「我們現場演出的時候，大家會一下子反應不過來，因為我們一副業餘樂團的調調，歌曲是那種乖乖牌的流行風，髮型什麼的也有點滑稽，可是聲音超級刺耳。我們會（把頻率）調高個三、五十赫，頻率催到這個程度其實很可怕，聽起來還真有點變態、有點莫名其妙。」

不過一直要等到《無情》（*Loveless*）專輯發行，我的血腥情人才真正轉運，搖滾樂也從此多了一個類型，也就是英國媒體諷稱的「瞪鞋」（shoegaze）搖滾——諸如非凡人物、綠洲（Oasis）、迷惑之星（Mazzy Star）等樂團都受到這路風格影響。希爾茲跟強斯頓和超脫合唱團一樣，覺得一九八〇年的音樂過度加工，狂用殘響這類音效，害得歌曲聽起來甜膩媚俗。

他說：「我希望每個音都像街頭手提音響爆出來的，超刺耳，其實我自己去聽小攤表演，大半時間就是聽這種聲音啊。小場子哪來一堆重低音跟高傳真音響，你只聽得見中頻，每種聲音都在搶你的耳朵，真的很令人興奮，可是現在的音樂聽不到這種東西。」

他特別激賞肖克利發揮高超的製作功力，為人民公敵做出那未經加工的聲音。希爾茲說：「那不是高傳真的嘻哈唱片，不是為了在大運動場登臺做的音樂。那麼直白的聲音，懶得用甜膩的東西安撫聽眾，我愛死了。」

希爾茲自己在創作上的突破，來自一把朋友借他的芬達牌 Jazzmaster 款電吉他。那把吉他的顫音搖桿鬆脫了，他用膠帶黏回去，結果竟讓他做出在正常狀況從來辦不到的撥弦效果。

他說：「我一彈出那種聲音，體內馬上有個東西一跳。那是我此生第一次能表達一種內心深處的感覺，而且跟我有限的演奏技巧很匹配。這讓我能用一種不必多想、純憑感覺的方式演奏。那有種靜止或空洞的味道，所以我後來錄音的時候，覺得自己不只是照譜彈的吉他手，我真的是在我手彈我耳。」

希爾茲從那把吉他聽到的靜止和空洞成為《無情》的骨幹。希爾茲想精準掌握那種感覺並表現出來——半睡半醒，靈魂時而出竅、時而回歸的催眠狀態——於是他為了創作決定剝奪自己的睡眠。他會一連兩、三天不睡覺，把自己搞得滿腦子幻覺，錄製一堆吉他和人聲的音軌再用同等音量層疊，所以沒有誰比誰明顯，聽起來既遙遠、又靠近。他把音箱正對著另一個音箱擺放，導致音頻互相干擾，變得很不穩定。他用那個顫音搖桿扭曲整個和弦，把音高改變到令人為之暈眩的地步。

這張專輯發表後，希爾茲以為會被樂評罵死。結果很多評論家如獲至寶。英國音樂雜誌《NME》寫道：「《無情》向未來發射一枚銀皮子彈，挑戰後輩重現它混合了氛圍、感覺、情緒、多種風格以及（你沒看錯）創新技術的手法。」艾拉．羅賓斯（Ira Robbins）為《滾石》雜誌寫的樂評說：「雖然聽這張專輯很容易感到迷茫，但說也奇怪，這種效果卻也令人充滿希望。《無情》淌溢著聲音的香膏，先是接納了人生狂亂的壓力，隨後又輕柔地將之粉碎。」也有樂評不以為然，英國搖滾獨立誌《Q》的馬丁．艾斯頓（Martin Aston）就說《無情》有首歌「特別叫人驚訝，好像甜美的迪士尼配樂跟喃喃的東方真言喝醉了在打架。」

我們帶過的學生大多從沒聽過我的血腥情人，或坦白講，他們根本沒聽過那類型的音樂。瞪鞋搖滾歌星爆起爆落，不到三年，鋒芒就完全被果漿（Pulp）、布勒（Blur）、綠洲等英式搖滾樂團蓋過。我們放《無情》給學生聽的時候，沒有先解說來龍去脈，只請他們想想會怎麼形容這樣的音樂，聽了又有什麼感覺。一學期接著一學期，每班學生的反應都驚人地一致。偶爾會有個大膽的學生問音響喇叭是不是壞了，有人還問唱片製作人是不是不會用錄音器材！不過他們幾乎都提到諸如此類的字眼：潛水、漂浮、暈眩、煩躁、夢幻、迷失、焦慮、遙遠、困惑。從漂浮到焦慮到甜美，用來形容那種催眠狀態都十分貼切。希爾茲二十五年前想掌握和傳達的東西，學生怎麼會都準確聽見，也感覺到了？今天的公司行號（不論走實體或數位經營）又能從中學到什麼？

體感的科學

因為我們住在生技之都波士頓，身邊不乏對音樂如何影響身心深感好奇的人與公司。其實，音樂對身心的影響遠不止於感知層次。伯克利有個音樂與醫療衛生研究所（Music and Health

Institute），就納入生物學和神經科學，發展音樂治療等專業領域。例如，研究人員會檢視阿茲海默症病患為何記得兒時聽過的歌詞，卻想不起自己的名字。音樂活化了平時處於休眠狀態的神經元嗎？

他們也探索了用音樂治療心身疾病的可能性。音樂也是一種藥物嗎？音樂是否可成為處方？有一天，醫生會不會根據病人的體質，建議量身定作的音樂療法？想要釋放音樂對心智的影響力，虛擬的沉浸式體驗可以幫上什麼忙？

我們的情緒會被五感（聽覺、視覺、嗅覺、味覺、觸覺）挑起，繼而影響感知和互動，學術界對此已有數十年的研究歷史，前面提到的新興學科就是基於這些研究成果發展而來。所以說，這能帶給你什麼益處呢？與身體合拍能怎麼幫你淬鍊或表達思想？再怎麼說，思想都是抽象與智性的，跟身體是分開的，對吧？並不盡然，至少身心並非完全分開。我們的思想與情緒緊密相關，呼應了體感的商業點子，也最有可能成功並使顧客滿意（也更具市場前景）。

現今商業界獨尊邏輯和論證，事關金錢時更是如此。但你應該記得，碧玉和奧度資本如何受益於「情感盡職調查」——她們的投資合作是憑著信任感覺走下去的。前面也提到，讓身體指引我們創作和溝通有其道理，所以現在該來看看科學證據了。

加州大學柏克萊分校榮譽教授喬治・萊可夫（George Lakoff）專門研究這個概念，並與人合著了《我們賴以生存的隱喻》（*Metaphors We Live By*，一九八〇年出版），而這本書想說明的是，我們日常對話使用的隱喻，其實深刻反映出共同的人性經驗。英文形容某個概念很難懂，會說「那高過我的頭」（that's over my head），這是在指涉一種跟身體相關的經驗：東西距離太遠所以搆不到。就連搆不到的「搆」都是隱喻，是指抓到、掌握某個想法。

那本書出版後，萊可夫在後續年間與義大利帕爾馬大學（University of Parma）心理生物學教授維托里歐・迦列賽（Vittorio Gallese）合作，以腦部掃描追蹤受試者聽見隱喻時的神經活化路徑，想為他的理論找到科學證據。在一篇二〇〇五年的論文中，這兩位教授寫道，根據這些年來的多項實驗，「自然語言的意義，會活化想像神經迴路，與知覺和動作的活化反應相同。」我們的心智會在思想和身體之間牽線，所以當我們感知或想像時，大腦也認為身體在動作。這或許解釋了泉陽子住院時為何那麼痛苦不安，希爾茲又為何能讓別人聽見自己頭昏腦脹的感覺。

萊可夫的研究在近年又衍生出其他實驗。在耶魯大學進行的一項實驗中，研究人員把受試者分為兩組，請他們看一張陌生人的照片並說說對那個人的評價。兩組的受試情境完全一樣，只有一個地方不同：一組受試時喝的是冷飲，另一組則是熱飲。實驗結果有壓倒性的差異：拿熱飲的受試者覺得影中人慷慨大方，拿冷飲的受試者則覺得那人比較冷漠。光是身體有溫熱的感覺，就足以讓我們把這種處境投射到別人身上，覺得對方慷慨親切。在另一項實驗中，香港和科羅拉多州的學者研究了受試者看電影的習慣，時間是一年最寒冷的月分。他們發現，比起夏天，大家在冬天看比較多劇情溫馨的電影，尤其是浪漫喜劇。這些學者推論，溫熱的體感不只會觸發慷慨大方的印象，觀賞與愛、善意和浪漫情事有關的故事，也能反過來激發溫暖的體感。

我們為何會把溫熱與善意聯想在一起呢？因為我們小時候總被人抱在懷裡？在水面漂浮、在陽光下打盹、從夢中醒來……我們的大腦思考時，是不是會參考這些回憶，而帶來類似感覺的聲音或畫面，又會觸發這些回憶？確切原因還難以釐清。我們能確定的是，人總會因為溫熱感到安慰，這就是萊可夫說的，我們賴以生存的譬喻。

多年前，IDEO遇上一個難題：我們有個客戶開發出一種經久耐用的彈簧床墊，可是看起來很沒吸引力。這家公司的品牌主打健康和科技，產品必須讓人一望即知這些特色，卻因製程問題，東西看起來鬆垮垮、皺巴巴的。其實這些床墊只是外觀差強人意，躺上去比看起來舒服得多。我們的設計師認為改良外觀是首要之務，那家公司卻覺得實際體驗更重要，不值得光為了好看就斥資改善製程。這要求感覺很膚淺，不愧是滿腦子只顧美感的設計師提出來的。客戶問我們：「反正大家都會用床單蓋住床墊，有差嗎？」

IDEO的工業設計師鈴木元（Gen Suzuki）靈機一動，想到一個辦法說服該公司主管斥資改善製程，並且先對IDEO的主管演示一遍。他做了一張投影片，上面放了兩張蘋果的照片，左邊是一只紅蘋果，光滑飽滿且毫無瑕疵，右邊是同樣大小的蘋果，但有點脫水發皺也碰傷了，光澤比較黯淡。他問IDEO團隊比較想吃哪一個，我們開玩笑說，爸媽應該會逼我們吃那個不新鮮的，以免放壞了浪費！其實我們馬上會意：我們都想吃新鮮的蘋果。

等我們在床墊公司的會議室放這張投影片給主管看，他們也心領神會。接下來的投影片比較了他們現有的皺床墊，以及我們提議的膨鬆柔軟的新設計；無須多言，事情已經有了定奪。視覺的威力不容小覷，儘管我們兩週前只是憑空討論時，對方還覺得外觀問題不值一提。打出隱喻的實際影像，讓人看了不由得想選新鮮的蘋果，這不只幫床墊公司主管開了竅，也有助他們的客戶懂得產品的價值。

查克鞋的威力[62]

產品的外觀和質感，也就是它整體的美學表現，會強烈影響我們對它的反應。為什麼呢？因為你對某個東西或概念產生的感覺，會引起身體反應，那是一種更深層的覺察，一種更真實的關係也馬上建立起來。

只有音樂人或設計師才有利用感官效應的能力嗎？這種感性能力可不可以學？絕對可以。其實，我們大多數人原本也會，只是日久荒廢了——我們教自己抗拒感覺、推崇心智勝過物質，在商場上尤其如此。只不過，這種二選一是假議題：要麼思考、要麼感覺；要麼看實證、要麼憑直覺。只要有耐心加上練習，我們都能培養經營事業的直覺，讓我們既能好好感覺，也能好好思考。

62　譯注：Good Luck Chucks 是電影「倒數第二個男朋友」的英文原名，這邊是在跟查克鞋玩雙關。

請你回想一下第三章提到的過客旅社：咖啡的氣味、平滑的木頭牆面、過客廣播的歌單。有沒有覺得這些特色讓你覺得很溫暖也備受款待？

或是想想你超愛穿的 Converse 查克鞋。即使你從沒買過這款球鞋，對這個品牌很可能還是有種強烈而直覺的熟悉感，或許是小時候在泥地籃球場上看過它，又或許是因為雷蒙合唱團和鼓擊樂團（The Strokes）。也可能是因為美國嘻哈團體 N. W. A 在他們的傳記電影《衝出康普頓》（*Straight Outta Compton*）穿了查克鞋，《回到未來》（*Back to the Future*）的主角馬蒂．麥佛萊（Marty MacFly）也是，就連哈利波特都在系列電影第五集穿上這款鞋，從這個選擇也看得出來他真的進入青春期了。查克鞋成為有態度、有創意、桀驁不馴的象徵。通常我們都希望鞋子保持乾淨，不過查克鞋是另一回事，愈是破舊愈有型，最好整個鞋面都用奇異筆畫好畫滿。查克鞋就有如一本青春日記。

Converse 商請 IDEO 協助成立旗艦店時，我們希望店面的美感再次勾起顧客這些感覺，同時也要避免過度宣傳品牌或佈置得太刻意，害顧客覺得很煽情。所以我們決定圍繞「不是愈穿愈破，是愈穿愈合腳」的概念著手，用粗獷的水泥地面做出這種氛圍，大方展露瑕疵而不是遮遮掩掩，並且回收利用學校體育館看臺磨損的木頭長椅，上面還留有學生刻字的痕跡，再以手繪看板和老舊的皮革椅墊點綴。這家旗艦店開張時，看起來既不落伍也不破爛，而是陳年得很性格。

音樂人有個很酷的手法有異曲同工之妙，那就是「衰減」（decay），指的是聲音一邊不斷重複、一邊淡出，聽起來很像回音。U2的吉他手「刀口」（The Edge）在他們整張《難忘之火》（*The Unforgettable Fire*）專輯都用了衰減效果，是個有名的例子。你如果聽槍與玫瑰合唱團（Guns N'Roses）的歌曲〈歡迎光臨叢林〉（Welcome to the Jungle），開頭旋律也明顯做了衰減。衰減吸引人的原因之一就是那種聽覺質感，我們真的覺得聲音在磨損消蝕。

放手吧，對假選項放手

想恢復感覺和思考、心智與身體的連結，有時候要懂得投降。我們通常不會把創業家想成輕易投降的人，因為聽起來很像事業失敗。我們不是說要放棄追求卓越，或是說創業家不該堅持不懈做原型，直到發展成完備可上市的產品。「投降」的意思是，對未知和意料之外的結果保持開放。

伊諾是一九七〇年代藝文搖滾樂團羅西音樂（Roxy Music）的創團成員，曾為鮑伊、U2、臉部特寫和酷玩樂團（Coldplay）等無數明星製作專輯。一般公認他藉《低調音樂》（*Discreet Music*）這張專輯發明了氛圍音樂，是音效生成軟體的先驅，微軟視窗系統那無人不知的啟動音效就出自他的手筆。伊諾也是熱衷社運的藝術家，說他是搖滾樂界最出名的公共知識分子並不為過。

一九七五年，他與畫家彼得．施密特（Peter Schmidt）共同創作，兩人也交流了保持旺盛創作力的訣竅。他們發現彼此都有個習慣，會在創作卡關時寫下提示小卡，於是他們把這些點子集結起來做成一套卡片，每張大約八公分乘九公分，上面各寫了一個有助突破瓶頸的小活動。他們把這套的卡片命名為《迂迴策略》（*Oblique Strategies*）。

這套卡片二〇〇一年版的簡介裡，伊諾和施密特[63]寫道：「我們各自觀察自己創作時會做哪些基本功，從而衍生出這些卡片。有些是我們事後回想才發現自己在這麼做（理智總算跟上直覺），有些是在做的當下就認出來，有些是刻意設計的活動。工作時要是遇上難題，可以應用整疊卡片，或是隨機抽出單張來試試——遇上這種時候，就算不知道合不合用，不管抽到哪一張，照做就對了。」

這裡舉其中幾張卡片為例：

拿一個從前用過的點子來用。

該增加什麼？該減少什麼？

演一下試試看！

什麼也別做，愈久愈好。

在這林林總總的小格言、小建議當中，很多竟然跟身體很有關係：

塞上耳塞。

閉上嘴巴別說話，然後繼續做。

63 譯注：其實施密特這時已經過世了。

盯著一個非常小的東西。盯著它的中心。

深呼吸。

用膠帶封住嘴巴。

問問你的身體感覺怎麼樣。

《迂迴策略》應用了傳世已久的「水平思考」（lateral thinking），亦即換個角度檢視難題，藉此找出更合用的新解方。他們不斷藉由跟身體有關的小活動來激發想像力，幫助你突破表象，這種作法確實高明。其中這張卡片或許就道盡了《迂迴策略》的精髓，雖然只有短短一句：

種花，而不是設計建築。

伊諾對這個提示的解釋是：「我們都很習慣這個想法：人類之所以達成豐功偉業，是因為握有強大的控制力。我們不習慣的另一個想法是，其實我們還有另一項很棒的恩賜，就是懂得投降……想要投降，你要有能耐知道何時該罷手，別再想緊抓一切，也要知道何時該順勢而為，處於被動順從的位置。我們因為居於全權掌控的位置而成功，因此變得驕傲自大，忽視了我們其實還有投降的能力……我們太習慣推崇全權掌控的人，於是忘了推崇懂得投降的人。」

伊諾在談到個人創作歷程時提到，從前他認為作曲就像設計建築，後來卻得設法放下這個念頭：「大概就跟很多人一樣吧，從前我以為音樂是製作出來的，就像你想像中的交響樂作曲家那樣。他們好像在腦袋裡全盤想好了，一個細節都不漏，然後不知怎地就能通通寫出來，讓其他人照著演奏。在我們的想像中，建築師好像也是這樣工作。你知道嘛，就設計一棟樓，細節全設想得清清楚楚，然後交給別人蓋出來。」

不過在他看來，用種花來譬喻創作更貼切：「我們小心翼翼地培育種子，或是四處蒐羅，再細心栽培，讓它們長出自己的生命。我真正要說的是，我們要重新思考自己身為創造者的位置。你不再認為『我是主控者、你是觀眾』，而是開始想我們都是觀眾，大家一起享受這座花園，包括園丁也是。」

這讓我們想起泉陽子如何形容她在泉音的工作：「這項工作讓我覺得很開心的地方，是我這個人可以退居幕後。主角是別人，而且就算我還沒找到答案也沒關係。我負責的是搭一座橋，讓別人有機會發聲。我不會說改變是我的功勞，讓別人居功，我覺得沒關係；但我得為創造這個生態系盡一分力。」

我們去訪問泉陽子如何解決醫療器材的噪音問題，她跟我們說了前面這番話，所以你可以想見，後來我們在伊諾的日記裡發現一段異曲同工的文字，我們有多開心了。那是他在一九九五年寫：「七月十八號：應該讓車主自行設定喇叭音效。我很想看看，到時社會會出現怎樣的和諧或分歧。也應該要有會說『謝謝』、『您先請』、『對不起』的喇叭音效。要是喇叭聲能設定——該說是讓它變成我們嗓音的延伸，或許很快就會發展成一種大概的語言。」就像第一章提到，碧玉注意到港口船隻的聲音能用於創作，伊諾和泉陽子也察覺環境中的契機，放手任思緒游向新的可能性。

每當想到商業史或科技演進，我們很容易把那說成是人類對上自然的故事：人類征服岩石和海浪，成為最後贏家。不過伊諾點出一件事：在歷史上大半時間裡，人類的生命都無從預料，只能受制於疫病、天災和猛獸攻擊。我們總愛說現代的人和社會都比祖先更進步，可是跟祖先相較，我們大大喪失了聽天命的能力，也就是像伊諾說的：「順從當下處境的趨勢，在其中找到自己的定位。」

他說，關鍵在於提醒自己，我們既有掌控的才能，也有投降的才能，兩者一定要保持平衡。「衝浪的人就是這樣——控制浪板，然後任自己被海浪帶走，再控制浪板。我想把「投降」重新定義為主動動詞。這不是逃避現實，而是主動的選擇……我把自己維持在一個既放下控制，同時也去釐清現況的狀態。」

對伊諾來說，信任自己的才能，同時也信任未知、信任不可預見之事，這既帶來自由，也讓人活得更投入。

「安然放下控制，這種感覺有時就是我最大的快樂：你要相信自己就算對危機放手也不會有大礙。你不必堅持跟宇宙對幹到底，停下來也沒關係，宇宙會好好照顧你的。」

推薦曲目

間奏八

這分歌單很簡短，都是泉陽子、希爾茲和伊諾的作品。音樂人透過聲音觸動深層情緒的能力，由他們三人做了絕佳示範。就放輕鬆聽完吧，你的耳機沒有壞掉。

歌單

〈第一次接觸〉（First Contact）／泉陽子（Yoko K.）

〈織布工〉（Loomer）／我的血腥情人（My Bloody Valentine）

〈有時候〉（Sometimes）／我的血腥情人

〈2HB〉／羅西音樂（Roxy Music）

〈泡泡巢〉（Bubble Nest）／泉陽子

〈訊號〉（Signals）／布萊恩・伊諾（Brian Eno）

〈糟糕〉（Bad）／U2

〈河粉〉（Pho）／泉陽子

〈孩子，離開一次就好〉（Only Once Away My Son）／布萊恩・伊諾、凱文・希爾茲（Kevin Shields）

深度聆聽：低迷樂隊（Low）的《雙重否定》（*Double Negative*）專輯，製作人BJ波頓（BJ Burton）得親手操刀錄音工程，因為混音用的音軌充斥著靜電噪音和扭曲音效，把錄音師搞得一頭霧水。專輯第一首歌曲〈法定人數〉（Quorum）聽了有種身體在不停下墜的感覺，後面的歌曲又讓人覺得在從墜入的那個大坑挖條出路。

第九章

重塑：我的面貌，不只一種

走過一遭那種經歷，有點像再誕生一次，因為生命又煥然一新。
——葛洛麗雅．伊斯特芬（Gloria Estefan）

鮑伊過世一年後，英國的正面圖書出版社（Obverse Books）推出一本叫《星塵與白雪》（*Stardust and Snow*）的童書，作者保羅・馬格斯（Paul Magrs）說了個極有可能是真人真事的故事：有個自閉症小男孩跟媽媽上倫敦去，看奇幻歌舞片《魔王迷宮》（*Labyrinth*），鮑伊在片中飾演妖精王一角。那時街上滿是為年末節期採買的民眾，在白雪陪襯下，這座英國首都美得如詩如畫。電影放映地點是一間學校，而男孩一走進古老的維多利亞風校舍，馬上被吉姆・韓森（Jim Henson）[64]旗下的木偶師團團包圍。他們手裡操縱著狂野的妖精、聒噪的蠕蟲和巨大的野獸，場面很有過節氣息，但也嘈雜混亂，害得男孩有點承受不了。鮑伊看到男孩大為畏縮的模樣，便把他帶到一旁，從自己臉上摘下一副隱形面具遞給男孩。

鮑伊說：「把這戴上吧，這是魔術喔！我跟你一樣，老是會害怕，可我每天都戴這張面具。我還是會害怕，不過面具讓我好過一點，至少讓我勇敢到能面對全世界，面對所有的人。現在你也辦得到了。」

話說完，鮑伊伸手往空中一抓，變出另一副隱形面具戴到自己臉上。

「現在我們都有隱形面具，眼睛還是看得很清楚，而且別人絕對不會發現我們戴著面具。」

鮑伊在縱橫樂壇五十四年的生涯中，戴過一張又一張面具登臺演出：瘋狂小子（Aladdin Sane）[65]、戴維・瓊斯（Davy Jones）[66]、萬聖傑克（Halloween Jack）、湯姆少校（Major Tom）[67]、瘦白公爵（Thin White Duke）、星塵人（Ziggy Stardust）[68]，以及許多別的角色。綜觀他的演藝生涯，我們幾乎會以為他這一路走來都早有盤算。一九七一年，他發行了《保證滿意》（*Hunky Dory*）專輯的第一支單曲〈百變〉（Changes）。傳說這首歌原本只是湊數用的小品，是諧仿夜總會的風格，鮑伊也可能在用它批評隨波逐流的音樂人。這首歌雖然不是奠定生涯的嘔心力作，歌詞還是預言了他的未來。

鮑伊為二十六張錄音室專輯創造的每個舞臺人物，都改變了他的人生故事、產品，甚至是觀眾。他綜合戲劇、文學、音樂、電影，甚而金融產品（查查什麼是鮑伊債券吧！），重混流行文

---

64 譯注：美國知名木偶師，也是《魔王迷宮》製作人。

65 譯注：A lad insane 的雙關語。

66 譯注：此為大衛・鮑伊的本名，也是他早期的藝名。

67 譯注：湯姆上校是曾出現在 Space Oddity 等歌曲中的虛構人物。

68 譯注：無論萬聖傑克、瘦白公爵還是星塵人，都是為專輯或巡迴演出創造的舞臺角色。

化，又在我們眼前華麗重現。他有自我認同的困擾嗎？還是為了吸引新歌迷嘩眾取寵？我們是覺得，從鮑伊的作為看得出來他很有自知之明，既知道自己是怎樣的人，也曉得他的長處和侷限，對自己的藝術觀既有信心也奉行不渝。鮑伊知道自己在做什麼，也引起別人強烈的共鳴。

鮑伊入選搖滾名人堂（Rock and Roll Hall of Fame）時，由瑪丹娜擔任頒獎人，在頒獎臺上，瑪丹娜就憶起小時候溜出父親家、去聽鮑伊演唱會的往事：

「我那兩個小時應該都沒有呼吸吧。那是我看過最驚人的表演，不只因為音樂，也因為戲劇效果太精采。完全打破陳規、違反常理，我震懾到無以復加。總之，我回到家已經變了一個人，你們也看得出來吧。我父親其實沒睡，他早就知道我跑哪去了，暑假剩下的日子都罰我禁足。不過那年暑假我關在家苦哈哈的每一分鐘，都太值得了。」

從那時起，瑪丹娜的演藝生涯就以百變風貌馳名，一次又一次凸顯她性格的不同面向——迪斯可歌后、泡泡糖流行龐克（bubblegum pop punk）、全民情婦、卡巴拉（kabbalah）[69]大師——屢屢挑戰社會對性與性別的規範，近年又把矛頭對準年齡。她在二〇一九年、年紀來到六十歲時推出《X夫人》（*Madame X*）專輯，在北美和歐洲的劇場巡迴演出，專輯發行首週就空降告示牌兩百大專輯榜冠軍。

鮑伊過世那天，瑪丹娜在臉書動態牆上貼文說：「大衛．鮑伊永遠改變了我的人生軌跡。我看到他如何創造角色，在搖滾舞臺上運用各種不同的藝術形式娛樂大眾。他帶來無限的啟發和創新，既獨特又激勵人心。他是真正的天才。」

史蒂芬妮．潔曼諾塔（Stefani Germanotta），即女神卡卡，也是自青少年時期就奉鮑伊為師。她拍攝個人第一支音樂錄影帶時，畫了知名的瘋狂小子閃電妝，就是向這位繆斯男神致敬。從此以後她總不忘向大師看齊，創造了一場接一場精采的表演、一個又一個舞臺人設。她曾經在一枚塑膠巨蛋裡「孵」了三天，最後在葛萊美獎舞臺上破蛋而出，演唱〈生來如此〉（Born This Way），一回又穿著生牛肉裝出席MTV音樂錄影帶大獎，也曾在西南偏南音樂節與一名「嘔吐藝術家」同台演唱。不過她也做過單純的表演（我們預期葛萊美獎與奧斯卡獎得主會有的那種），例如在超級盃穿著傳統的長褲套裝演唱美國國歌。她很瞭解她的舞臺，也懂得解讀觀眾性質，每

69　譯注：卡巴拉是一個猶太神秘主義教派，瑪丹娜曾熱衷信奉此道。

一次表演都成了替那個場合量身打造的藝術宣言。

女神卡卡曾應美國國家公共廣播電臺邀請，做了一場向鮑伊致敬的現場演出，並在結束後接受米榭・馬丁（Michel Martin）訪問。她告訴馬丁，要是沒有鮑伊，她的人生絕對不會是今天這樣。

「我第一次看到《瘋狂小子》的封面，是十九歲那一年。從此以後我的眼光徹底改變。我放那張唱片來聽，〈小心那個人〉（Watch That Man）[70]一播出來，我創作生涯也啟蒙了。我從沒聽過誰有這麼強大的音樂觀，結合這麼多不同類型和風格的音樂，又做得這麼寬廣無限。」

她說：「我開始更利用穿著表達自己、更放手選擇，生活也變得比較有趣。我覺得我想說，我跟我的朋友，我們從小就過著一種完全被音樂、時尚、藝術和科技包圍的生活。這都是因為他。要是沒有這麼一個讓我深受震撼的人可以看齊，我今天絕不可能走到這裡，也不可能會有這些人生哲學。你要是遇見或看到一個音樂人，他做的東西好像來自另一個行星、另一個時空，都會永遠改變你。」

鮑伊、瑪丹娜、女神卡卡——這個等級的樂壇巨星彷彿遙不可及，但這是你用看名人的有色眼光來看待他們的緣故。在這一章，我們要分享國際巨星和環球企業的故事，看他們如何善用對自己的認知做精采的重塑，而且就算是跟我們一樣比較平凡的人，也能透過自我瞭解發光發熱。

回到地球

威爾．戴利（Will Dailey）自稱「中產階級音樂人」，曾在環球唱片和ＣＢＳ唱片公司出過專輯，現在是獨立發片的藝人。他的創作走真性情的ＤＩＹ錄音路線，得過許多音樂獎項，作品被五十多部影視作品選為配樂。就連樂壇Ａ咖也對他稱讚有加，例如珍珠果醬合唱團（Pearl Jam）主唱艾迪．維達（Eddie Vedder）就說：「他寫的歌實在太驚人了，我受到很大影響。」戴利無疑是個功力深厚、備受敬重又成功的音樂人，照自己的方式闖出一片天。

去年我們訪問了戴利，請教他對重塑的想法。當我們提到鮑伊，他整個人精神一振。

他說：「我還記得自己小時候挖到鮑伊這個人，驚覺他是神，我只是使徒。我不是希望自己

70　譯注：即《瘋狂小子》專輯的第一首歌。

聽起來像他，而是希望作風像他。」

對戴利來說，鮑伊會給人這麼大啟發，有個原因是鮑伊活在戴利所謂的「框架」之外：一個刻意規定的身分，把你桎梏在單一類型裡。

「我不是說走固定類型是壞事，可是你若希望即興的肌肉保持平滑放鬆、開放又充滿活力，非得放棄單一的美學不可。就像鮑伊。他的美學觀永遠在變。他要是穿卡其褲、打領帶現身，好像要去開公司，我們也會覺得那是全世界最酷的事。他什麼事都能做，因為他從不執著於一件事。」

戴利為職涯做選擇時也奉行這個價值觀。

「聽見有人說『喔，你聽起來是這個風、那個風』，我會焦慮，然後開始做不同的創作。這要下很大的功夫重新整理；你得不斷打破自己的規則，還有自己的恐懼、懷疑、陷阱。終極目標是做出一套歌曲庫，任何人都能從中找到一首覺得屬於自己的歌曲，一首你覺得這輩子沒它不行的歌。」

鮑伊天上有知，應該會同意。他曾接受CBS電視台《六十分鐘》（*60 Minutes*）節目訪問，但這些錄影從未播出，到他過世以後才放到節目官網上。他在訪談中提到，歌迷會與他的舞臺角色達成很個人的連結。

「有時我也很高興，幸好我沒有真的把它（星塵人）換個形式呈現。其實我想過拍電影，可有人勸我不要，說：『你幹麼拍電影？幹麼把一切解釋得清清楚楚？每個人對星塵人都有那麼個人的想像，要是推出一個官方版把故事講死，會害很多人失望。』我就想：『你說的對耶！』」

鮑伊說：「要是剝去舞臺效果、道具服裝、表面形象，我其實是個作家。我最近開始審視我寫的主題，真正代表性的其實就只有幾首歌，主要是詮釋寂寞的心情，加上疏離感，也能說是一種靈性追尋，尋求與別人交流的方式。大概就這樣了。我四十年來寫的就是這些東西，其實沒怎麼變。我這輩子用過各種方式妝點我的創作，每次都想找個不同的手法，想找到另一種切入問題的方式，有點像是為了卸除問題的武裝，所以我自己扮成另一個人，躡手躡腳接近它們。」

重塑作為商業策略

派翠克・列登（Patrick Leddin）是范德堡大學（Vanderbilt University）管理學副教授，曾經撰文分析鮑伊，尤其是他的角色流動性和生涯成功有何相關。列登寫過一篇〈從鮑伊的演藝生涯學策略〉（What David Bowie's Career Teaches Us About Strategy），裡面大量援引了經濟學家暨哈佛商學院教授麥可・波特（Michael Porter）的研究。

波特認為，一個商業策略是不是好策略，端視它能否確立獨特的價值主張。這是企業家或主管都熟悉的概念，不過波特表示還不止於此，傑出的策略包含「相對於競爭者的獨特價值主張，以及特殊的價值鏈。主事者須明確選擇，公司將如何根據與價值主張相符的價值觀，進行有別於旁人的經營。」想要與眾不同，並沒有唯一一種正確的方式，所以「一家公司該把焦點放在選擇顧客、瞭解顧客需求，為了成為市場獨特選項而競爭，而不是為了成為市場最佳選項而競爭。」

在樂壇，如何找到獨特又個人的聲音也是常見話題。鮑伊打造出跨越類型疆界的舞臺角色，在同時代的藝人當中獨樹一格——不過他之所以辦得到，是因為他為自己創造的聲音不只一種，也會隨著時移事往變化。

波特寫道，改變能創造契機，但也可能令人困惑。在這個快速變遷的世界，制訂策略時也應把這一點納入考量。在過去，公司行號或許能敲定一個方向，數十年奉行不渝，不過這在今天已經不可能了。我們不只該制訂讓自己成為獨特選項的策略，也該制訂不斷改良的策略，一般可能會管這叫「適應」。要在獨特和改良之間保持平衡（或許更正確來說，是在這兩者間拉鋸）、知道何時該以其中哪一項為優先，有時是很大的挑戰，不過波特仍堅稱這兩者並不互斥。

他寫道：「策略方向要有延續性，經營方式也得持續改善，而這絕對是一體兩面。這兩者其實相輔相成。商業策略如果有高度延續性，也會更有能力進行持續且有效的改變。你要是花了十年在某個領域保持領先地位，也會更有能力吸收新的科技。你制訂策略、權衡取捨的原則愈明確，愈容易認出契合你的價值主張的新商機。」

鮑伊的吉他手卡洛斯・亞洛瑪（Carlos Alomar）提到跟鮑伊共事的經驗，是這麼說的：「每次又跟大衛合作，我都得改變。他想做節奏藍調、搖滾、電音、愛默生、雷克與帕瑪（Emerson, Lake&Palmer）、浪漫情歌。他這樣一攪和，瘦白公爵就冒出來了。他就是個靜不下來的人，不喜歡過得太舒服。所謂『舒服』就是遵守類型，可是你也要小心，因為類型會比你更長命，有一天會把你甩在後頭。大衛有句很棒的話：『放手吧，否則就被拖著跑。』」

亞洛瑪說：「永遠都在變、變、變。大衛會採用某個新元素，用完又放下了。」

大衛每次改變角色和風格都會流失一些歌迷，不過他不介意；他永遠都在進步，不只留住一批死忠粉絲，也不斷引來新的聽眾。我們跟列登和波特一樣，也認為公司行號想要歷經數十年仍欣欣向榮、持續引來新顧客青睞，就一定要瞭解自己的核心能力、長處和使命，才能迎向改變。

找到核心長處

為了在數位時代存續，公司行號一定要重塑。光看網飛（Netflix）、Slack、推特如何一再轉型就知道了。不過，有些公司即使歷史悠久，也選擇走上改變一途。或許你已讀過它們的故事，不過這些公司一路走來所顯現的模式很值得一提，這裡還是簡單介紹。

一八八九年，任天堂在日本京都開業，專門製作與銷售遊戲牌卡，到了一九五〇年代又將業務拓展到美國，並透過出版牌卡遊戲書推動了生意成長。隨著公司規模迅速擴張，他們也將觸角伸向吸塵器、旅館、計程車，甚至麵條等領域，想在新市場再創佳績。不過這些努力均以失敗告終，於是任天堂決定加碼投資最初的軸轉策略，從撲克牌轉向研發玩具。

任天堂第一款大賣的玩具是橫井軍平發明的「超級怪手」（Ultra Hand）。橫井是他們生產線的工程師，當初會發明這款玩具只是一時興起，想要一支伸縮手臂來抓取廠房裡的東西。橫井陸續設計了多款電動玩具、早期電玩機具的配件，最後更為任天堂帶來了 Game Boy 掌上遊戲機。任天堂是很懂印刷、製造，銷售和全球貿易，不過他們真正的長處還是遊戲。

智慧型手機橫空出世之前，諾基亞（Nokia）是手機市場的霸主，然而他們在一八六五年是從製漿廠起家。後續一百年間，諾基亞成長為企業集團，經營範圍涵蓋林業、電纜、橡膠靴、輪胎和電子產品，到了一九八〇年又開發出全球第一支數位電話和第一支車用電話。

諾基亞在二〇一三年幾近倒閉，將手機部門賣給微軟，轉型為 5G 網路供應商。這一路走來脈絡何在？其實，諾基亞的核心資產是他們有能力生產通訊的基本要件——二十世紀早期是紙漿、二十世紀晚期是數位網絡。從紙漿到林業，到橡膠靴和輪胎，再到電話纜線，然後是無線通訊和手機。這樣的歷程可以跟鮑伊相提並論。

富士軟片原本可能落得柯達的處境，在數位革命來襲後被世人遺忘，還好他們體認到自己一定得接受科技變革。任天堂跑去做麵條好像有點亂槍打鳥，富士軟片就沒那麼發散了，他們知道自己的核心特長是影像複製，所以全錄公司（Xerox）在二〇〇〇年現金吃緊時，富士軟片斥資十六億美元買下全錄百分之二十五的股分，並透過這筆投資掌握了富士全錄合資公司（FujiXerox）的決策權，在底片產業開始沒落時有另一筆收入作為緩衝。

在iPhone問世的二〇〇七年，富士軟片創立了一家新公司，這回把重點放在防紫外線的化學藥品。這類藥品是用來預防顏料在陽光直射下褪色，不過富士軟片拿它來做更有價值的應用。富士軟片重新評估自己的特長，發現影像複製只是表面，他們真正在做的是保持形象永駐不滅。於是他們創立了化妝保養品牌艾詩緹（Astalift），主打預防皮膚曝曬老化的護膚品和化妝品。

這類例子當然還有很多。看看國家地理（National Geographic）如何成為多媒體公司，IBM也從超級電腦生產商轉做顧問服務。看著這些歷史悠久的重資產（asset-heavy）[71]公司不斷重塑，很令人動容。在軟體業發達的數位時代，重塑已是屢見不鮮，不過你要是坐擁不動產、廠房和大批庫存，要這麼做就困難得多。與大型數位公司相較，重資產公司為了重塑要做的重大變革很不一樣，有時在情感上相當困難。多年來，我們看到很多比較傳統的公司提不起改變的勇氣，然而他們要想存續，絕對需要這樣的勇氣。這些公司想要成功重塑，瞭解自己的核心長處是不二法門。

擁抱你個人在乎的事

你可能想：故事很精采，但我又不是百年老店，這些故事跟我個人和職業生涯有何關係？自從我們開始與創業家、音樂人和學生分享本書中的概念，這些年來我們遇到很多範例。這些人肯下功夫瞭解自己，並且應用他們的心得成功重塑了個人職涯。

珍・崔寧（Jen Trynin）就是這麼一位音樂人，她憑一己之力重塑自己的聲音，爭取到一紙重大唱片合約，又在歌唱事業跌到谷底時再度自我重塑。一九九五年，《洛杉磯時報》（*Los Angeles*

71 譯注：重資產（asset-heavy）相對於輕資產（asset-light）公司而言，前者以硬體設備、土地、工廠等為固定資產為營運重點，需投入資本較大且通常轉型不易，後者則著重於無形的服務或產品，例如人力資源管理、客戶服務等，較為靈活。投資人一般較為青睞輕資產企業。

Times）曾經寫道：「想像一下，把柔美的瑪蒂・瓊斯（Marti Jones）加上剛強的麗茲・費兒（Liz Phair），你就很接近珍・崔寧了。她剛推出這張表現異常成熟的處女作……做了一張傑出又內斂的搖滾小專輯。」《旋轉》雜誌（*Spin*）形容她的歌曲〈過了一年〉（One Year Down）「精準詮釋了心碎之無可痊癒，如此動聽，卻又未訴諸陳腔爛調或自艾自憐。」

二〇一九年一個秋日午後，我們訪問了崔寧。她依然頂著一頭亂髮，穿著摩托車靴；十八個月前我們在一場藝術展覽上遇見崔寧，當時她也穿著同一雙靴子。展覽後這段期間，她的先生與製作人麥克・狄寧（Mike Deneen）因病過世，崔寧也著手撰寫一本以失喪為題的書（回顧狄寧罹癌的經歷，並爬梳生命的意義），預計作為她二〇〇六年自傳《每一次破碎重生：一則搖滾童話》（*Everything I'm Cracked Up to Be: A Rock & Roll Fairy Tale*）的續篇。

我們請崔寧分享她從搖滾歌星轉型為作家，後來重回舞臺的歷程。崔寧從她早期生涯說起，當時她是個拼命想打進波士頓樂壇的民謠吉他歌手；她在侃侃而談時坦然流露脆弱，卻也帶著很深刻的自覺。

她說：「我念大學的時候，有一陣子混得還不錯，暑假到處在度假勝地和餐廳演唱。當時看起來我能吃這行飯，所以等我搬到波士頓，我心想：『我就找幾家爵士俱樂部駐唱吧。』結果我怎樣都不得其門而入。」

於是到了一九九四年，她退出民謠爵士樂界，改背上電吉他，把曲風調整得更為強悍並獨立發行了《荒唐》（*Cockamamie*）專輯。轉眼間，她成為搖滾樂壇最炙手可熱的人物。

「我改變了自己的包裝，而且只花幾個星期就辦到。其實我的歌曲沒變，變的只是呈現的方式，真的只是這樣而已。這跟改變創作本身不一樣。對我來說是先有作品，才有包裝。」

接下來的發展令崔寧始料未及：各大唱片公司的許諾和邀約如雪片般飛來。她在《每一次破碎重生》裡寫道：「燈光昏暗，到處是他們的酒杯手勢和牙齒，交談的速度飛快：優先事項、發行上市、變現、最大化、周邊商品、行銷。」數位革命在一九九〇年代中期尚未發生，藝人還沒什麼主導權，唱片公司迷信大牌，追逐膚淺的光環，並嚴格控制旗下藝人的形象。起初崔寧逆來順受，為了搏得站上大舞臺的機會，放棄自己真實的性格。她成為別人要她當的那個人：超高冷的另類搖滾巨星，穿著怪模怪樣，舉止惹人討厭。

最後她還是忍不住反抗了。她告訴我們：「現在回頭看，那是我做過最棒的決定。我還要繼續穿GAP寬版條紋襯衫，掛在我身上根本太大件，就因為其他玩搖滾的老人都那樣穿嗎？才不要。」

她一堅持自己的主張，唱片公司馬上收手，說要捧紅她的承諾也丟進水裡。唱片公司把注意力轉向童星出身的憤怒小天后艾拉妮絲・莫莉塞特（Alanis Morisette），崔寧被打發到小俱樂部表演。最後她退出歌壇，專注於寫作，二〇一五年再度成立「誰的」樂團（Cujo）。她解釋，這個樂團就像她之前和現在寫的書，也是透過創作宣洩情感；人生起起伏伏，沒有道理可言，這是她理解和應對的方式。

她說：「我在『誰的』樂團是個硬派搖滾女郎，那是我的舞臺人格。我從沒做過這種事，實在太好玩了——年紀愈大就愈好玩。我知道我走這路線已經太老，但我在舞臺上的時候，真心沒把年齡放在心上。」

克莉絲汀・艾勒（Kristen Ellard）博士是波士頓麻省總醫院（Massachusetts General Hospital）的臨床心理師，不過她在一九九〇年代以克莉絲汀・巴瑞（Kristen Barry）的藝名出道，是西雅圖油漬搖滾界的新星，被譽為下一個「女版音園」。當時她與束縛艾利斯合唱團（Alice in Chains）同住並在同一場地練習，與紅心合唱團（Heart）、火柴盒 20 合唱團（Matchbox Twenty）和壞心鴇母（Sneaker Pimps）同台演出，也在維珍唱片發了個人專輯。豈料後來新上任的維珍老闆開除了她，謠傳那是因為有人暗動手腳，拿黑色麥克筆在她照片上狠狠寫了「天大的錯誤」，丟到老闆桌上。不過到了那時候，她也耳聞莫莉塞特這號人物，也就是公司選擇力挺的對象。看樣子，另類搖滾的廣播頻寬有限，一次只容得下一位女藝人。

三年後，華納兄弟打電話給她，聲稱對她的作品印象深刻，想幫她重振演唱生涯，並提議讓她跟美劇《六人行》（*Friends*）主題曲的其中一位作者合作。不過她大膽掛了電話。艾勒很瞭解自己，知道是什麼力量驅使她從事音樂創作，而她想憑這股力量走上人生新方向。十年後，她完成了心理學博士學業。

她告訴我們：「我這輩子都對人很感興趣，所以當我找到了科學，世界好像反過來向我敞開了。突然間，我回到一個思考人性經驗、人類存在的地方，跟我用音樂創作做的事沒那麼不同。」

她拿身心內科的神經科學研究做比方：「很多人做精神醫學研究時，光顧著找減輕症狀的方法，而不去想症狀如何影響行為、違背演化力量。這真叫人吃驚。我希望我的研究更有意義，不是找到顯著 P 值然後寫篇論文就算了。我們要怎麼應用研究成果來改善現況？我永遠都是滿屋子人裡面那個討厭鬼，會說：『是沒錯，但這代表什麼意思？』我想我敢那樣做，是因為從前我也是這樣面對音樂。從前我總是局外人，從沒照規矩走過，這讓我一直都能無拘無束地提出質疑。」

安德烈・歐賓（André Obin）任職於麻省理工學院材料科學與工程系人資處，同時也是電音藝人，表演經歷洋洋灑灑，曾在美國和歐洲巡迴演出、發行過流行鐵克諾（technopop）單曲和多張專輯。他揉合鐵克諾和瞪鞋搖滾風格，與許多獨立樂壇偶像合作過，例如兜風樂團（Ride）的馬克・賈德納（Mark Gardener），也為一眾新興樂團操刀混音工程，例如 Avoxblue、CMB、Kodacrome、Foreign Resort、People at Parties 等。

歐賓告訴我們，他在麻省理工天天都發揮錄音和製作的本事。他不是科學家，但懂得用作品說故事的道理，所以他與研究人員合作，協助他們表達思想。他的工作就是發揮綜合能力，吸收大量資訊並找到其中關聯，作大眾科普。

他說：「我覺得自己就像科學家的守門人。身為藝人和音樂創作者，我很瞭解他們工程師想要什麼。他們有一大堆還很基礎的點子，又想用它幹出一番成績，有時眼光放在很久以後，有時又想用小發明解決艱鉅的問題。」

歐賓的音樂創作和正職工作相輔相成，在兩邊學到的東西都能互相應用。

他說：「從小到大，別人都告訴我科學跟音樂是兩條截然不同的路，可是現在在二〇一九年回頭看，那種想法簡直瘋狂。我即時見證了各領域的分野是如何變得模糊，因為科技和我們的觀念都在變。在社會進步的同時，科學、藝術、設計、工程的界限都會模糊掉，以後到處都看得到身兼神經科學家的搖滾歌星。」

重塑，不得不然

前面舉的例子裡，有些公司和藝人之所以自我重塑、尋求新的出路，是為了表現自己的真本性。至於另一些例子，重塑是逼不得已。有些人被唱片公司放棄，有些公司的核心產業開始沒落。因為不得不然，只好重塑。雖然那依然是他們主動的選擇，但也充滿不確定性。

我們在二〇二〇年三月撰寫這一章時，正逢新冠病毒疫情爆發。美國在那個月月初還如常運轉，頂多有些海外新聞看起來不太對勁。沒過幾週，全國鬼城林立。各國重兵防守邊界，全球股市暴跌，「居家辦公」不再是員工福利，而是強制命令。伯克利關閉了波士頓、紐約、西班牙瓦倫西亞和阿布達比的校區，要六千五百名學生回家。教授手忙腳亂地把教學觀念和教學方法砍掉重練，一切從實體轉為線上。至於ＩＤＥＯ也被迫重新思考核心業務，例如我們從前以人為中心的實地調查、搭檔合作和原型製作。除此之外，我們也得協助客戶做深度轉型，不論是他們所屬產業的體系、工作文化或自我認知。

在我們自身產業之外，產品設計師和製造業者挺身而出，即時進行重塑。福特汽車與奇異公司（General Electric）的醫療部門聯手，加速生產世界各地醫院急需的呼吸器。

戴森公司（Dyson）平時生產吸塵器、電扇和乾手機，並以設計精良且性能卓越著稱，他們也在這時設計出新冠病毒患者專用的新型呼吸器——只花了十天時間。這款靠電池運作的呼吸器能架設在病床上，很適合紐約和巴塞隆納臨時搭建的大型集中醫院。

規模較小的公司也起而響應。光碟造客（Disc Makers）是紐澤西一家製造商，為獨立樂手供應CD、DVD和隨身碟等各種數位載具，而他們在此時軸轉，為醫事人員和疫情第一線工作者製造保護面罩。

這種軸轉的能力即使只是一時，在這噩耗不斷的節骨眼上還是很振奮人心。不過展現強大韌性的並不只有公司。在這一團混亂中，音樂人再度為我們帶來一線光明。在中國，二〇二〇年二月疫情最嚴重時，夜店為困坐家中的民眾舉辦了線上DJ秀。在美國，歌手暨饒舌藝人卡蒂B在Instagram上貼了一段影片倒情緒垃圾，在裡面嚷嚷：「我跟你們大家講，我不跟你們裝屄。老娘嚇死了。新冠病毒欸。事情真的大條了，真的真的大條了。」結果布魯克林的DJ「iMarkkeyz」把這段音檔重混成一首歌。在那看似悲慘無望的一個月裡，歌迷既想解悶也想為生活找個亮點，把這首歌推上了iTune嘻哈榜第四名；卡蒂B和iMarkkeyz都把這首歌帶來的收入捐給受疫情衝擊的民眾。

回首過去數十年，其實也有別的音樂人因為情勢所逼而自我重塑。我們兩個中學時都是威豹合唱團（Def Leppard）的粉絲，所以也都記得，他們的鼓手瑞克・艾倫（Rick Allen）在《縱火狂》

（*Pyromania*）專輯發表不久後因車禍失去左臂，當時這消息多麼令我們震驚。然而他在兩年後重返鼓組之間，隨樂團巡迴宣傳新專輯《歇斯底里》（*Hysteria*）。威豹這張專輯風格丕變，從粗獷的硬式搖滾轉為精鍊的流行搖滾。

一九八八年三月，艾倫說他住院時，醫護人員在床尾塞了橡膠棉墊，以防他整個人往下滑。於是他一邊躺在床上休養，一邊開始用腳在那塊棉墊上拍拍打打。

他說：「我要我哥帶一套立體音響來病房，然後開始跟著我愛聽的專輯打節奏，就邊聽邊用腳踏踏踏。有些地方是有點難，因為我只打過單具低音鼓，所以要很專心才能用腳打對拍子。」

不出一個月，他就找上一個愛拼裝電子器材的朋友，請對方幫他做一組特別設計的電子踏板。

艾倫說：「他真的幫我做了一個踏板的原型出來。我試著用用看，然後想：『可以用耶，沒道理不能拿來演奏。』這組踏板的外觀跟一般踏板沒太大差別，不過我當然是想在科技方面找到別的出路。我也試了各種別的設備，但基本上就是調整聲音的問題。幾個月下來，我愈是練習，演奏得也愈來愈順。」

他說，他從這次經驗得到最大的收穫是要堅持不懈。「這應該是我對自己最重要的認識。但我想，這也跟我身邊有很多堅強的人有很大關係。他們讓我別無選擇，只能堅持下去，把困難搞定。」

艾倫下定決心克服障礙、見招拆招，非讓人生邁入新常態不可。最後他不只找到克服自我懷疑的力量，也在這個過程發明了腳控電子鼓。《歇斯底里》嶄新的聲音大受歡迎，摘下告示牌兩百大專輯榜和英國專輯排行榜（UK Albums Chart）雙料冠軍。威豹吉他手菲爾．柯倫（Phil Collen）在回顧他們的改變時說：「因為瑞克的鼓聲，這張專輯聽起來跟當時所有音樂都不一樣。這恰好吻合我們〔製作人〕想開創新類型的目標……把流行音樂和其他元素帶進我們的聲音裡。」

節奏大轉彎

二〇一七年，葛洛麗雅．伊斯特芬和艾米立歐（Emilio Estefan）邀我們兩個去看《舞動拉丁》（*On Your Feet!*），這齣獲東尼獎提名的歌舞劇就是在演他們的生平。我們是樂壇的老朋友了，所以開演前先在劇院大廳碰頭。觀眾沒料到這對巨星夫婦會到場，與他倆擦身而卻渾然不覺，也是好笑。伊斯特芬夫婦一如既往，不想挑起任何注意。他們過著低調的生活，平日以家庭為重，但若是能夠幫助別人，他們也會毫不猶豫站到聚光燈下。

歌舞劇第一幕是他們人生片段的回顧；葛洛麗雅小時候會錄下自己的歌聲寄給派駐越南的父親，長大後在心理學學業和表演事業之間猶豫不決，又與艾米立歐相識相戀。

第二幕一開場，這對夫妻登上美國當代成人單曲榜榜首，才精疲力竭地走下巡迴演出舞臺，又再度橫越美國到紐約雪城（Syracuse）表演。接下來，那場巴士車禍發生了。

事發時大雪紛飛，他們樂團的巡演巴士行駛在前往紐約州的公路上。一輛卡車失控在路中央打橫，巴士被迫煞車，豈料一輛聯結車就這麼狠狠撞上來。當時睡在臥舖上的葛洛麗雅被衝擊力甩到地板上，導致脊椎骨折、骨節錯位。她九歲大的兒子也鎖骨骨折，艾米立歐不省人事。葛洛麗雅被送往醫院，醫師在她背部植入兩根鈦金屬棍支撐脊椎，並告知她可能喪失行走能力，恐怕再也不能上臺表演了。

她花了超過一年時間休養復原。

她說：「這是我這輩子第一次什麼也不能做，哪都去不了。我真不知道怎麼重拾寫歌的生活作息，因為已經不知道正常生活是什麼滋味了。我的信心大受打擊。」

不過艾米立歐鼓勵她站起來，不要放棄，一定要繼續做治療。

葛洛麗雅說：「他告訴我，有一次他看著我被轉送到另一家醫院，一抬頭看見太陽從雲層後面冒出來，他心裡萬般希望時間飛逝，這一切很快就會過去。他就在那一刻突然有了靈感，想到一句歌詞：『走出黑暗』（Coming out of the dark）[72]。」

葛洛麗雅來到伯克利接受訪談，跟我們分享那段奮力重拾行動能力的日子，話聲平靜卻又充滿力量。

「達成長期目標的方式只有一個，就是每天專注於你那天能做到的事。躺著不動當然輕鬆很多，因為我實在痛死了。我得想辦法說服自己下床：『今天我要走到走廊上。明天我要多走幾步

72 譯注：後來成為葛洛麗雅的招牌歌曲之一。

進大廳。後天我再試試多走幾步。』就算只比昨天多前進三公分也沒關係，重點是有多努力一點就好，因為我知道自己要是什麼都不做，就會倒退三大步。」

她說：「人生任何遭遇都能用這來比擬。我今天可以做點什麼，好比昨天進步一點點？遇上你搞砸的日子，你就改對自己說：『沒關係，明天再重新開始。』」

葛洛麗雅說到這裡暫時打住，看著圍觀我們訪談的學生說：「我們社會需要積極主動、為工作自豪的人。世界變得太安逸了，大家想付出最少的努力賺到最多的錢，要是有這種心態，你的成就絕對高不到哪裡去。要是我能鼓勵你做一件事，那就是成為你想雇用的那種員工，或是你想跟他一起表演的那種音樂人。你得砥礪自己，因為你學得愈多，表現就有可能愈傑出。」

創意，破隙而出

繞了這一圈，我們最後一章要回頭說新的開始。不論日子黑暗或光明，都要瞭解你自己，堅定地探索新的可能性、新的表達方式。你永遠都能選擇自我重塑，就像你也可以選擇聆聽、實驗、合作、做試聽帶、製作、連結、重混、運用體感，還有投降。要擁有這每項能力，你都得認識自己，用心瞭解你獨有的聲音和願景，而且這些能力都需要一再練習。查理・帕克（Charlie Parker）是傳奇薩克斯風手，他不只重新定義了爵士樂，也透過獨門絕技和創新的和聲開創了咆勃樂派（bebop），而他曾說：「你得好好學你的樂器，然後練習、練習、再練習。再然後，等你總算站上舞臺，把一切全忘了吧，痛快演奏一場就對了。」

總有一天你得放手一試，相信自己的聲音，相信你對周遭不斷變動的世界有獨到的理解。一路下來，你讀到了許多音樂人和創業家的故事，他們選擇不去遵循別人說該或不該、能或不能的教訓。或許你就有親身經歷，不論教訓你的是唱片公司、頂頭上司，或是一般的老生常談：演藝或經商有什麼是非準則？訂這些規矩的人又是誰？我們相信你也可以。就像帕克也說過：「音樂是你個人的經歷、思想和智慧。有人會告誡你音樂有一定界限，拜託好不好，藝術哪來的界限。」而藝術無所不在。你也可以把玩和弦與即興重複的樂句（riff），發揮音樂人的本事大顯身手。瞭解你的市場，也開拓新市場；瞭解你的天分何在，與別人的天分連結。對新的機會保持開放，利用音樂思維探索和適應這些機會。你會發現這不只能為你打開新的大門，更會成為一種生活方式。

我們在伯克利的「生涯即興」講座訪談菲董時，他提醒我們，這種開放心態不只是要花時間精力練成的功夫，也會成為一種生活方式。

「我總是很好奇，有什麼新聲音、新架構、新方法能用來表達自己。對我來說，好奇心應該是一切的源頭吧，我不知到這究竟是種習慣，還是老天的恩賜和祝福。」

他看著臺下一張張學生的臉龐，又說：「有些人全心做好一件事，這也很適合他們。可我們很多人，很多這一代的年輕人，還有今天在座的很多人，我們都很多元，需要不只一個抒發管道，非得用五花八門的方式才能真正自我表達。」

我們跟肖克利的訪談也畫下類似的句點：「今天我們的典範是傑斯、碧昂絲、卡蒂 B、蕾哈娜（Rihanna）、威斯特。你沒辦法給他們下個定義，他們是有多重面向的創意人才。碧昂絲是傑出的歌手，但她不只唱歌而已。看看艾莉卡．芭朵（Erykah Badu），她現在也當 DJ。為什麼傑斯生意做得這麼成功？他明白根本道理，而這個根本道理永遠會回歸到共鳴，共鳴又永遠回歸到人身上。」

他說到這裡停了半晌，好像在回想生涯一路走來，在錄音室和董事會議室的所見所聞。

「今天從各個角落竄出來的創意多得不得了，實在太驚人了。接下來會怎麼樣，不是從前那套老法子說了算，而是由我們懂得創作的人說了算。」

推薦曲目

間奏九

我們為本書最後一章挑的歌單來自三大百變巨星：鮑伊、女神卡卡、瑪丹娜。這些歌曲的時間橫跨四十年，風格涵蓋流行、影劇、電音舞曲、影視配樂，也在在提醒我們，當我們掌握自己的核心長處，我們的職涯跟角色都能既流動又多元。

歌單

〈名氣〉（Fame）／大衛・鮑伊
〈宛如處女〉（Like a Virgin）／瑪丹娜
〈光芒〉（Ray of Light）／瑪丹娜
〈我怕美國人〉（I'm Afraid of Americans）／瑪丹娜

〈糟糕羅曼史〉／女神卡卡

〈奢華人生〉（Lush Life）／女神卡卡、東尼・班奈特（Tony Bennett）

〈這不是美國〉（This Is Not America）／大衛鮑伊、派特・麥席尼樂團（Pat Metheny Group）

〈耳鬢廝磨〉（Cheek to Cheek）／女神卡卡、東尼・班奈特

〈百變〉／大衛・鮑伊

〈好冷的小鎮〉（Chilly Down）／大衛・鮑伊（《魔王迷宮》原聲帶）

〈英雄〉（Heroes）／大衛・鮑伊

深度聆聽：鮑伊和藍儂合唱的〈名聲〉、和路瑟・范德魯斯（Luther Vandross）合唱的〈美國青年〉（Young Americans）、和皇后合唱團合唱的〈壓力〉（Under Pressure）、和 Mick Jagger 合唱的〈當街起舞〉（Dancing in the Street）、和拱廊之火合唱的〈反射〉（Reflektor）、和皇后・拉蒂法（Queen Latifah）合唱的〈名氣九〇〉（Fame '90）。他跟路瑞德（Lou Reed）和伊吉。帕普（Iggy Pop）合作的故事也很值得你上網查查，這兩個人之所以再創事業高峰，都是鮑伊的功勞。鮑伊跟路瑞德和帕普合唱的時候，好像都更凸顯兩種音樂類型的叛逆和兩位藝人的理念。

尾奏

「coda」原本是義大利文「尾巴」的意思。在音樂裡，這是將曲子導向結束的段落，雖然嚴格來說，這其實是一段比較長的終止式，音符的排列組合聽起來像是達成了解決，或至少有種延音的感覺。我們覺得用這來代表終章恰如其分：這本書始於我們兩人的對話，我們跟一群傑出的音樂人和創業家的對話，還有跟你這位讀者的對話。所以說，這本書不是到這裡就真的結束了。

二〇一九年，一個秋高氣爽的九月傍晚，我們與伯克利校長布朗做了一小時的訪談，請他就本書的論點分享看法。布朗一直以來都身兼老師和創業家，年輕時曾遠赴肯亞的中學任教，又把他在當地學到的經驗用於創立「光明天際」幼兒托育公司，後來再度到伯克利為學子服務。伯克利在一九四五年創校，布朗在二〇〇四年上任時只是歷來第三任校長，不過他或許是最有經營頭腦的一位。在他的領導下，伯克利的規模大幅成長，在西班牙瓦倫西亞設立研究所，為公立學校開設課後音樂學程，還創立了伯克利線上學院（Berklee Online），並與一百五十年歷史的波士頓音樂院（Boston Conservatory）合併。布朗也培養伯克利的畢業生成為商業領袖，不只音樂產業，近年來我們的畢業生也打進矽谷。這一路走來，他跨出的每一步都著眼於未來。或許身在教育界不免要放眼未來，不過這於布朗是教育的核心原則。

他用舒緩悅耳的南方口音告訴我們：「我想我這一路走來的心得是：你能透過教育讓世界變得更好。從前我做難民援助是想為他們開條生路，那時我也見證了這一點。教育可以有很多種不同的形式。」

「哈佛有個舍監也在伯克利教書，他曾開了個很妙的玩笑：『一個孩子要是被哈佛錄取，通常有全家投入十八年心血的栽培。可是一個孩子要是選擇念伯克利，通常是不顧全家強烈反對才來的。』」他輕笑著跟我們分享。「他這麼說不無道理喔，選擇來念伯克利的學生恐怕都跟人吵過了，那些人會說：『你以後要怎麼養活自己？你找得到什麼工作？』」

可是布朗打從第一天來到伯克利，就注意到本校學生有種特質，而他認為這種特質值得鼓勵：「除了公立學校送來唸書的老師，或是拿醫院經費進修的音樂治療師，我發現我們的學生幾乎都是創業家，雖然他們可能不會這麼說自己。我也發現，跟很多音樂學校相比，我們學生已經表現得像在創業一樣，接婚禮樂團表演、組室內重奏、找上台演出機會。有些人甚至還在學就做起了生意。」

在那年頭，還沒有課程把這些行為編纂成教材，加以培養支持，所以布朗校長當得愈久，愈是覺得我們該教學生像創業家一樣思考行動，在這個年代更是當務之急。事情在他認識帕諾斯之後總算有了眉目。當時布朗在帕諾斯的標音公司當董事，等帕諾斯把標音賣掉，布朗覺得機不可失，雇用了這位有成功創業經驗的伯克利校友。他給帕諾斯的指示，跟碧昂絲告訴創作搭檔「做你自己的東西」很像。

布朗說：「當時這個點子剛萌芽，又出現了這個人選，我覺得他一定會做得很出色，因為他既認識這家學校，也懂這一行。我們兩個一起規畫，我沒有任何詳細的計畫，基本上我只對帕諾斯說：『你會想出辦法來的。』」

帕諾斯加入伯克利，在二〇一四年創立伯克利創意商學院（Berklee Institute for Creative Entrepreneurship, BerkleeICE）。那時他剛開始理出學界新生涯的頭緒，一路摸索向前，既要接洽矽谷風險投資家，也得面對校內學生，後來又很快走上巡迴演講之旅，到處分享音樂思維和創業之道。二〇一四年六月，新工作上手沒幾個月，帕諾斯原本預計在波士頓一場研討會做同樣主題的演講，然而那天早上一覺醒來，他反悔了。他很討厭開晨間會議，寧可起個大早去健身，然後安安靜靜吃頓早餐。於是他打算跳過這場研討會，乾脆連自己的演講都放鴿子算了！不過最後一刻他還是決定出席。

結果麥克那天也預計在研討會演講，而且他當時正在思考職涯下一步何去何從。麥克從自由接案的設計師入行，後來創立了一家結合科技與設計服務的公司，最後到ＩＤＥＯ擔任主管。這二十年來他每天都在輔導設計師和創業家成長，不過他已經對這個課題失去熱情，想多花點時間投他更真心喜愛的領域，也就是音樂。

我們兩個都從各自的職涯學到，當轉型時刻到來，一定需要新的思想刺激、挖掘新點子，所以最好是耳聽八方為妙。這往往也是尋求合作夥伴的大好時機。麥克聽了帕諾斯的演講，深感共鳴：臺上這個創業家為全國頂尖的音樂學院工作，還跟人分享創作和商業有何交集。

所以麥克在大廳裡追上帕諾斯，向他自我介紹，帕諾斯聽了決定請麥克到伯克利上一堂課。我們在此之前素未謀面也從未共事，但都有種心有靈犀的感覺，也認為值得冒這個險。這次合作不是一時好玩；我們都敬重彼此的歷練，不擔心會惹對方不快，之後要是有任何不妥我們也願意面對。前面提過，這就像兩名樂手搭檔演出。就算他們從沒一起演奏過，也懂得何時該挺身走向麥克風，何時要退後讓搭檔上前。我們愈是瞭解彼此，這種相輔相成愈是明顯。我們都在領導自己所屬的組織進行巨大而快速的轉型。當時伯克利正向全球拓點，波士頓校本部也在增加課程。帕諾斯因為主持創意商學院，居於校本部成長的重心，不久後也擔下全球發展事務的重任，將伯克利拓展到紐約、中國和中東地區。至於ＩＤＥＯ那時也在加強全球發展，麥克負責輔導相關團隊，督導公司走過轉型期。

有趣的是，雖然我們在各自的領域都當到高級主管了，卻都有點冒牌者症候群。從沒有人教過我們怎麼當主管，更不用說，我們兩個的外表簡直就是獨立即興樂團在玩互補節奏！帕諾斯頂著莫霍克頭，麥克留著及肩的亂髮。我們之所以覺得自己可以勝任，是因為從前創業的經驗。我們都運用相似的直覺成功創業，最終也透過本書把這些直覺梳理成篇。我們也注意到，音樂創作和設計所用的工具，透過軟體達成某種神奇的交集。軟體降低了藝術創作的門檻，各行各業的數位工作環境愈來愈相似。編一首歌曲和修一張照片，感覺沒太大不同。這些軟體工具都是數位原生，始於〇和一的二進位碼，也透過幾乎一模一樣的使用者介面呈現——至於使用這些工具的孩子，他們也是數位原民。我們把這些元素放進這堂課，納入設計思考、音樂創作和商業經營。我們花了好幾個學期製作這堂講座的原型，最後決定在IEDO的麻州劍橋區分公司開課，而不是創意商學院的共同空間，後來又把單堂課延伸為一學期的課程。我們不只是跟學生說說經營事業的要訣，更幫助他們消化吸收，實際應用。有些人只是想成為藝人並打造個人品牌，另一些人則想發明新的音樂製作設備。有時我們涉入的領域跟樂壇根本沒什麼關係。我們還記得，有個學生在修課不久前身體出了狀況，不只要面對錯綜複雜的醫療帳單，整個就醫過程也令他倍感挫折與困惑。所以他想設計電子醫療病歷！另一個學期，我們把目光轉向伯克利本身，請學生重新設計學校的職涯輔導服務。這些課程應用聽起來可能跟念音樂的人八竿子打不著，但我們並不認為這是走偏方向。這些學生與生俱來的創意思維，就是需要一個釋放的出口。

到了今天，「創意商業思維」已是伯克利創意商學副學位的基礎課程。隨著它愈發受歡迎，來修課的學生也變得多元。我們開這門課的第一個學期，來上課的都是主修表演和製作的大三、大四生。因為伯克利和波士頓音樂院合併，今天來上這門課的不只有爵士和流行音樂的樂手和製作人，也有詞曲創作人、古典音樂家、當代劇場演員、古典和現代舞者，而且從大一到大四生都有。我們透過創新編排的學程，鼓勵鄰近藝術學院的學生到姊妹校修課，所以後來甚至有幸教到主修美術、編劇和平面設計的學生。

後來我們也走出了校園。二〇一六年，伯克利和ＩＤＥＯ合作，為「開放音樂倡議」（Open Music Initiative）開辦暑期創業課。開放音樂是我們與丹．哈普（Dan Harple）共同成立的一個跨界聯盟，哈普是創業家和伯克利校董事，而這個聯盟的宗旨是推廣開源標準，協助音樂創作者獲得合理的報酬。

這套課程為期八週，帶領學生探索區塊鏈技術的應用方式，從創作過程收集數據並為藝人和歌迷創造新體驗。學生來自羅德島設計學院（Rhode Island School of Design）、馬里蘭藝術學院（Maryland Institute College of Art）、哈佛、麻省理工，塔夫茲和伯克利，分成五個跨域小組，最後發想出十二個新的概念和原型。那年夏末課程結束時，在麻省理工媒體實驗室的頂樓，這群學生向開放音樂倡議的會員做成果發表。我們的會員由橫跨科技和音樂界的近三百家公司組成，包括環球音樂（Universal Music）、索尼音樂、YouTube、Spotify、網飛、臉書、英特爾（Intel）、ＩＢＭ，以及數十家區塊鏈新創公司。

有一組學生發想出一個叫「正式紀錄」（On Record）的產品原型，那是個只有半公分長的轉接器，上面接了一個每名樂手獨有的聲波辨識器。樂手可以把它加裝到錄音設備上，讓「正式紀錄」的辨識碼與錄音過程結合。辨識碼在表演時同步植入錄音，再永久植入音軌中，這麼一來，以後無須元數據也能辨別藝人身分。以後只要掃描歌曲檔案，就能知道參與錄音的音樂人是誰，要向他們支付報酬也比較容易。

歌迷也有機會享受新的聆賞體驗。另一組學生做了一個新的串流平台原型，叫做「INTRSTLR」，概念是利用歌曲演出者的資料（藉由「正式紀錄」這類裝置嵌入音檔），協助比較不紅或不為人知的音樂人、製作人、技師找到粉絲。現在要知道有誰參與製作歌曲已經很方便了，所以聽眾可以透過創作者（例如貝斯手或和聲歌手）完整的作品列表追蹤他們。

我們在二〇一七年又開了一次這門課，並獲得美洲開發銀行（Inter-American Development Bank）贊助，因為他們希望在加勒比海地區推廣區塊鏈。這次學生換了一批，成果依然精采，為創作者和聽眾帶來新的體驗。時隔兩年，我們注意到來修這門暑期課的學生明顯變了：他們愈來愈善於運用科技消除各門創意領域的界限。

設計思考源於一門以製造為中心的產業，近年來又被置於創新的中心，從而成為經濟成長的推手。長此以往，設計思考衍生出豐富的語彙，以及實證充分且有效的手法。創業課的學生絕對應用了設計思考的元素，不過他們也擴展了設計思考並賦予它不同的意義，就像他們用新的方式應用音樂思維一樣。

教導出身如此多元的學生讓我們確信，**所有**創意專業都有共同點，就連思維都是相通的。平面藝術家、鋼琴家、芭蕾舞者、演員、作家……各門專業在實作上的技藝是有差別，也要經年累月才精通，不過他們創作和經營事業的根本概念系出同源。這令人感到既解放又振奮。不論你是像設計師、音樂人、舞者、演員、劇作家、創業老闆，還是□□□一樣思考（空格隨你填），起點都是一樣的。

隨著合作關係日漸成長，我們發現彼此既是創作夥伴、也是商業夥伴，就像一個好樂團。我們基本上都假設，就經營立場而言，我們都不會欺瞞對方，也不會不講道義。我們心裡也不只有商業考量，更期待能對等互惠。我們兩個總是等著要一起學習、一同成長。即使不是很篤定成果會是如何，還是想要攜手打造、攜手製作。

這一切種種催生了這本書——你想的話，也能說這是我們合作的第一張專輯。起初我們只是互相對照筆記，討論設計師和音樂人有什麼相通的思維，想找出共同點並好好整合說明。結果我們發現，兩者都是從疊代的精神出發，加上聆聽、觀察、製作原型。這種跨域解決問題的方式，跟樂團成員的互動很像——大家各自貢獻專長，發揮綜效。就連對領導力的認知，我們也心有靈犀：領導是一種流動的角色，而不是僵固的科層制度。

這次合作首次遇到重大考驗，是在我們動筆寫書一年半以後，那時我們都覺得這本書應該生不出來了。我們都對音樂思維的概念有信心，有幸做的訪談也很精采，打算放進書裡的內容超級有趣，可是我們請的撰稿員好像就是搞不懂我們的意思。我們兩個拼命努力，感覺卻像站在蹺蹺板上原地起伏，因為事情不知為何就是理不出頭緒，快把我們搞瘋了。如同很多創作專案，編輯也給我們定了時間表。我們都為出書投入大把精力，想到這下可能得放棄，真的很難受。一定得有所改變才行。即使在那個節骨眼，我們還是信任彼此、信任我們共同的理念，也就是這本書應該會對人很有益處，並且發揮很大的影響力。我們想堅決告訴世人，創意教育正岌岌可危。在這個凡事講求效率的年代（就連人際如何互動、如何解決問題都不例外），很多事情都被剝奪了人性。

為什麼我們的社會倚重邏輯分析到這麼極端的地步？為什麼每個人都說要教小朋友寫程式，卻幾乎沒人說要教年輕人真正有創意、有想像力地思考，而且此事刻不容緩？

我們跟製作人柏奈特聊的時候，他提出了一些洞察：「很多決策是在上個世紀做的，那時我們愈發以體系為重。例如為學校體系做的決策，目標是用最有效率的方式教小孩，所以比把藝術課程砍掉，因為藝術很沒效率。藝術跟效率是兩碼子事。藝術出於發自內心的靈感，否則就不是藝術了。」

他說：「那麼，什麼是靈感呢？靈感很沒效率，那就像風：風一直吹，我們看不見風。我們看不見風，但可以看見它吹動了樹，對吧？不過這很沒有效率。有時候風還把樹吹倒了，甚至吹倒到你家屋子上。然而我們現在過度著重演算法和數字，還有工程學科、數學。在我看來，這些學科缺乏人性，而人性最重要的能力絕對是創意。創意就是宇宙大爆發，就是創世紀。要是沒有人類無窮的創意，就不會有數學，也不會有科學，因為創意是科學的根本，而不是反過來。可是現在沒有人討論這件事。」

不過事情絕對有希望。我們兩個進社會這三十年來，常常感慨現在個人可以掌握的力量有多大，這麼巨大的改變又是怎麼發生了。在我們看來，這一切的功臣是蘋果，因為他們透過直覺式的介面、顛覆創新的軟體工具，為我們移除了發揮創意的阻礙。麥克大學畢業時，他有些朋友在平版印刷公司當排字工人。如今每個人都有簡單好用的 iMovie、Photoshop、Garage Band 和 SketchUp，能做出不輸專業品質的成果。才華和歷練或許不是人人都有，但每個人絕對都有機會。蘋果在二〇一五年發起「iPhone 拍的」（Shot on iPhone）行銷活動就證明了這一點：只要有第六代或更新款的 iPhone，每個人都能拍出超高畫質的照片，不必修圖就能輸出大看板尺寸。

當我們請教創業家史托特的看法，他說：「真搞不懂，怎麼會沒人討論這件事？有些規模超大的產業被整個吃掉耶。曾經是專家級的器材，轉眼間業餘玩家、小老百姓也能用了。我隨便往哪一看，都看到藝術家在做一大堆計畫，是從前的人沒機會、沒能力做的。你要是真有才華，也願意把握機會用不同的形式發揮，你的才華就會不斷倍增。」

所以我們更換工具、從頭改寫、重新想像，也重塑自己。最後，我們回顧了你在本書一路讀到的許多創作人：前衛流行電音歌手成立了風險投資基金，六弦天神設計了嶄新的吉他，初代電子樂器先驅創立了雲端儲存公司，貝斯手成為旅社老闆，作曲家發明了音樂手套，鼓手成立了麥克風纜線公司，氛圍電音樂手重新設計醫療器材的聲音，搖滾歌星成為神經科學家——當然，還有節奏藍調歌手推出球鞋、墨鏡和古龍水。這些人雖然出身各異，就連出身的世代也不一樣，不過他們都有相同的音樂思維，這也形塑了他們與世界打交道的方式。我們希望，我們開啟的這場對話能持續下去，讓各行各業的思想匯聚交流。

如同肖克利告訴我們的：有創意的人已經不再把自己限定於創意產業。

他說：「我們是多面向的人。加入我們行列的就是會開創未來的人，而且會取代只有單一面向的人。不瞭解這一點就是落伍了，走調了，不合時宜了。一個公司執行長最好有本事到同條街上的俱樂部打幾輪鼓。要是他辦不到，就是沒充分發揮多面向的能力，總有一天會被另一個有這本事的人淘汰。

「我們正在邁入新時代。跨時代一定會秩序大亂，就像農業跨進工業時代那樣。現在我們從工業跨進數位時代了。我們迎頭撞進亂流，而這股亂流會衝開一種能量。這種能量受制於我們從前習慣的舊典範，已經被壓抑得太久了。如今我們要想進步，只能透過創意——我們每個人身上都有取之不盡、用之不竭的創意。面對現在冒出來的這一切能量，舊時的體系其實應付得非常辛苦。不過你要是看看今天的世界，這股能量正透過創意人才破隙而出，而且這樣的人才現在到處都是。到處都是。」

取樣樣本（就是參考資料啦）

在音樂裡，取樣的意思是重新運用另一位藝人的作品。因為我們寫的主題是音樂和商業的交集，因此有幸能訪談許多傑出的音樂人和商界創新人士，與他們討論本書的概念。不過我們也援引了別人精采的訪談和著作，此處依章節列出參考資料，感謝他們的功勞。

序曲

Banks, Alice. “Pharrell Williams Describes His Design Style and Working with Adidas.” Highsnobiety, May 17, 2016. www.highsnobiety.com/2016/05/17/pharrell-williams-adidas-interview/.

Cheung, Adam. “A Brief History of the Pharrell Williams x Adidas Originals NMD Hu.” Sole Supplier, August 29, 2018. https://thesolesupplier.co.uk/news/brief-history-pharrell-williams-x-adidas-originals-nmd-hu/.

Gardner, Chris. “Pharrell Williams on Adidas Collaboration: I’ll Never Be a Michael Jordan.” *Hollywood Reporter*, December 4, 2014. www.hollywoodreporter.com/news/pharrell-williams-adidas-collaboration-ill-753967.

Hague, Matthew. “Oh, Heyyy, Pharrell.” *Matthew Hague* (blog). February 17, 2020. https://matthewhague.com/2020/02/17/oh-heyyy-pharrell/#more-1064.

HB Team. “Pharrell Talks Music, Fashion and Design.” Hypebeast, January 3, 2013. https://hypebeast.com/2013/1/pharrell-talks-music-fashion-and-design.

Mitchell, Julian. “Pharrell, Pusha T and Torben Schumacher Discuss How Adidas Became the Global Brand for Creators.” *Forbes*, December 18, 2018. www.forbes.com/sites/julianmitchell/2018/12/18/pharrell-pusha-t-and-torben-schumacher-discuss-how-adidas-became-the-global-brand-for-creators/#

581b204318a9.

Skelton, Eric, and Pierce Simpson. "Pharrell Williams Talks Kanye West, Kid Cudi, Adidas, and More." Complex, November 15, 2018. www.complex.com/music/2018/11/pharrell-interview-kanye-west-kid-cudi-solar-hu-adidas.

Socha, Miles. "How Pharrell Williams and Adidas Are Trying to Chip Away Racial Barriers." Footwear News, September 26, 2016. https://footwearnews.com/2016/fashion/media/adidas-pharrell-williams-hu-nmd-collection-diversity-261750/.

Wally, Maxine. "The Originals: Pharrell Williams." *Women's Wear Daily*, November 19, 2018. https://wwd.com/fashion-news/fashion-features/the-originals-pharrell-adidas-hu-sneakers-superstar-exclusive-1202909251/.

第一章：聆聽

BBC News. "The Women Who Want to Save Banking." BBC News, May 18, 2009. http://news.bbc.co.uk/2/hi/8048488.stm.

Björk. "Björk on Björk: The Inimitable Icelandic Superstar Interviews Herself." *W*, October 11, 2017. www.wmagazine.com/story/bjork-interviews-herself/.

Björk. "Stonemilker." Episode 60. *Song Exploder*, December 27, 2015. http://songexploder.net/bjork.

Boyes, Roger. Meltdown Iceland: Lessons on the World Financial Crisis from a Small Bankrupt Island. New York: Bloomsbury, 2009.

Rees, Paul. "The Songwriters." *Q*, September 4, 2007. www.bjork.fr/Q-Magazine-The-Songwriters.

Stosuy, Brandon. "Björk on Creativity as an Ongoing Experiment." The Creative Independent (TCI), December 14, 2017. https://thecreativeindependent.com/people/bjork-on-creativity-as-an-ongoing-experiment/.

Tingen, Paul. *Miles Beyond: The Electric Explorations of Miles Davis*, 1967–1991. New York: Billboard Books, 2001.

第二章：實驗

Allan, Jennifer Lucy. "Mothers of Invention: The Women Who Pioneered Electronic Music." *Guardian* (Manchester, UK), June 17, 2016. www.

theguardian.com/music/2016/jun/17/daphne-oram-synthesizer-deep-minimalism.

Fanelli, Damian. "No, Jimmy Page Was Not the First to Play Bowed Guitar." *Guitar World*, March 21, 2017. www.guitarworld.com/artists/case-you-thought-jimmy-page-was-frst-play-bowed-guitar.

Hip Hop History. "Grand Wizzard Theodore (Theodore Livingstone)." https://history.hiphop/grand-wizzard-theodore-theodore-livingstone/.

Hunt, Chris. "Painter Man: Eddie Phillips of the Creation Interview." *Guitarist* March 1988. www.chrishunt.biz/features37.html.

Jones, Josh. "Hear the Only Instrumental Ever Banned from the Radio: Link Wray's Seductive, Raunchy Song, 'Rumble' (1958)." Open Culture, April 18, 2017. www.openculture.com/2017/04/the-only-instrumental-every-banned-from-the-radio-link-wrays-rumble-1958.html.

Palmer, Robert. Deep Blues: A Musical and Cultural History from the Mississippi Delta to Chicago's Southside to the World. New York: Penguin, 1982.

Rodriguez, Robert. The 1950s' Most Wanted: The Top 10 Book of Rock & Roll Rebels, Cold War Crises, and All-American Oddities. Lincoln, NE: Potamac Books, 2004.

Shepherd, John, David Horn, Dave Laing, Paul Oliver, and Peter Wicke, eds. *Continuum Encyclopedia of Popular Music of the World, Vol. II*. New York: Continuum, 2003.

Timberlake, Justin. Hindsight: & All the Tings I Can't See in Front of Me. New York: Harper Design, 2018.

Turner, Ike. "Rocket 88." Songfacts. www.songfacts.com/facts/ike-turner/rocket-88.uigvmauricio. "Jimmy Page Guitar Solo Violin Bow." YouTube video, February 13, 2009. www.youtube.com/watch?v=QtoVZ4eObg8.

第三章：合作

Dombal, Ryan. "Beyoncé: 'Hold Up.'" *Pitchfork*, April 25, 2016. https://pitchfork .com/reviews/tracks/18207-beyonce-hold-up/#:~:text=.

Gilmore, Mikal."Why the Beatles Broke Up." *Rolling Stone*, September 3, 2009. www.rollingstone.com/music/music-features/why-the-beatles-broke-up-113403/.

Inamine, Elyse. "At Loom, Cortney Burns Weaves Together the Treads of Community." *Food & Wine*, December 27, 2018. www.foodandwine.com/travel/restaurants/cortney-burns-restaurant-loom.

Jackson, Harold. "Davis and Dizzy." *Guardian* (Manchester, UK), April 19, 1960. www.theguardian.com/century/1960-1969/Story/0,,105517,00.html.

Lamb, Leah. "Inside the Creative Office Cultures at Facebook, IDEO, and Virgin America." *Fast Company*, August 10, 2015. www.fastcompany.com/3049282/inside-the-creative-office-culture-at-facebook-ideo-and-virgin-airlines#:~:text=.

Peisner, David. "Making 'Lemonade': Inside Beyoncé's Collaborative Masterpiece." *Rolling Stone*, April 28, 2016. www.rollingstone.com/music/music-news/making-lemonade-inside-beyonces-collaborative-masterpiece-85854.

Secret Keeper. "Beyoncé Interview 2018." YouTube video, 11:02. January 22, 2018. www.youtube.com/watch?v=L5wr7fBa27k.

Strauss, Matthew. "Beyoncé's *Lemonade* Collaborator MeLo-X Gives First Interview on Making of the Album." *Pitchfork*, April 25, 2016. https://pitchfork.com/news/65045-beyonces-lemonade-collaborator-melo-x-gives-frst-interview-on-making-of-the-album/.

Yoo, Noah. "Ezra Koenig Elaborates on Beyoncé Collaboration, Interviews Ariel Rechtshaid on Beats 1." *Pitchfork*, May 8, 2016. https://pitchfork.com/news/65341-ezra-koenig-elaborates-on-beyonce-collaboration-interviews-ariel-rechtshaid-on-beats-1/.

第四章：試錄

Aswad, Jem. "Album Review: Prince's 'Originals.'" *Variety*, June 21, 2019. https://variety.com/2019/music/reviews/album-review-princes-originals-1203249946/.

Bengal, Rebecca. "Prince Originals." *Pitchfork*, June 7, 2019. https://pitchfork.com /reviews/albums/prince-originals/.

Carr, Austin. "Apple's Inspiration for the iPod? Bang & Olufsen, Not Braun." *Fast Company*, November 6, 2013. www.fastcompany.com/3016910/apples-inspiration-for-the-ipod-bang-olufsen-not-dieter-rams.

Eames Office. "Norton Lectures." March 31, 2014. www.eamesoffice.com/scholars-walk/norton-lectures/.

Edison, Tomas. Quote Investigator. https://quoteinvestigator.com/2012/07/31/edison-lot-results/.

Edwards, Gavin. "Next out of Prince's Vaults: The Hits He Gave Away." *New York Times*, May 29, 2019. www.nytimes.com/2019/05/29/arts/music/prince-originals-demo-album.html.

Fassler, Joe. "Jeff Tweedy's Subconscious Songwriting." *Atlantic*, September 16, 2014. www.theatlantic.com/entertainment/archive/2014/09/jeff-tweedys-subconscious-songwriting/380290/.

Gradvall, Jan. "World Exclusive: Max Martin, #1 Hitmaker." *DiWeekend*, February 11, 2016. https://storytelling.di.se/max-martin-english/.

Greene, Andy. "Radiohead's 'OK Computer': An Oral History." *Rolling Stone*, June 16, 2017. www.rollingstone.com/music/music-features/radioheads-ok-computer-an-oral-history-196156/.

Hirway, Hrishikesh. "Wilco: Magnetized." *Song Exploder*, December 2, 2015. http://songexploder.net/wilco.

Tweedy, Jeff. Let's Go (So We Can Get Back): A Memoir of Recording and Discording with Wilco, Etc. New York: Dutton, 2018.

第五章：製作

Corben, Billy, dir. The Tanning of America: One Nation Under Hip Hop. Four-part documentary series. Based on the book by Steve Stoute. Produced by Alfred Spellman and Rakontur. New York: VH1, 2014.

Ferriss, Tim. "Episode 76: Rick Rubin." *The Tim Ferriss Show* transcript. https://fhww.fles.wordpress.com/2018/07/76-rick-rubin.pdf.

Fricke, David. "Jimmy Iovine: The Man with the Magic Ears." *Rolling Stone*, April 12, 2012. www.rollingstone.com/music/music-news/jimmy-iovine-the-man-with-the-magic-ears-120618/.

Goldstein, Patrick. "You Too Can Be a Producer!" *Los Angeles Times*, February 20, 2001. www.latimes.com/archives/la-xpm-2001-feb-20-ca-27539-story.html.

Grow, Kory. "Rick Rubin: My Life in 21 Songs." *Rolling Stone*, February 11,

2016. www.rollingstone.com/music/music-lists/rick-rubin-my-life-in-21-songs-26024/.

Fessler, Leah. “Apple’s Top Music Exec, the Man Behind Eminem and U2, Wants You to Stop Believing Your Bullshit.” *Quartz*, June 16, 2017. https://qz.com/1004860/jimmy-iovine-the-man-behind-apple-music-and-eminem-wants-you-to-stop-believing-your-bullshit/.

Sisario, Ben. “Jimmy Iovine Knows Music and Tech. Here’s Why He’s Worried.” *New York Times*, December 30, 2019. www.nytimes.com/2019/12/30/arts/music/jimmy-iovine-pop-decade.html.

Stoute, Steve. The Tanning of America: How Hip-Hop Created a Culture that Rewrote the Rules of the New Economy. New York: Gotham Books, 2011.

第六章：連結

Adeigbo, Autumn. “Lessons from Harvard MBA Grad and Feminist Musician Madame Gandhi on Managing a Viral Message.” *Forbes*, February 11, 2018. www.forbes.com/sites/autumnadeigbo/2018/02/11/lessons-from-madame-gandhi-harvard-mba-grad-feminist-musician-and-believer-in-the-power-of-periods/#53e0059f5b9a.

Blatt, Ruth. “When Compassion and Profit Go Together: The Case of Alice Cooper’s Manager Shep Gordon.” *Forbes*, June 13, 2014. www.forbes.com/sites/ruthblatt/2014/06/13/when-compassion-and-profit-go-together-the-case-of-alice-coopers-manager-shep-gordon/#1920def46cc7.

Bourgeois, Jasmine. “Visions: An Interview with Madame Gandhi.” *Tom Tom Mag*, November 2019. https://tomtommag.com/2019/11/visions-an-interview-with-Madame-gandhi/.

Braboy, Mark. “Madame Gandhi on the Intersectionality of Feminism and Why ‘The Future Is Female.’” *Vibe*, August 22, 2017. www.vibe.com/2017/08/Madame-gandhi-interview.

Bruder, Jessica. “The Changing Face of Burning Man Festival.” *New York Times*, August 27, 2011. www.nytimes.com/2011/08/28/business/growing-pains-for-burning-man-festival.html?pagewanted=3&_r=3&emc=eta1.

Cabral, Javier. “Meet the Man Who Created the Celebrity Chef.” *Vice*, November 3, 2016. www.vice.com/en_us/article/aea3v8/meet-the-man-who-createdthe-celebrity-chef.

Chakraborty, Riddhi. "Madame Gandhi: The Future Is Female." *Rolling Stone*, December 2, 2016. https://rollingstoneindia.com/Madame-gandhi-the-future-is-female/.

Cross, Alan. "You'll Be Stunned at How Many Songs Are Added to Streaming Music Service Every Day. I Was." *A Journal of Musical Things* (blog), June 12, 2018. www.ajournalofmusicalthings.com/youll-be-stunned-at-how-many-songs-are-added-to-streaming-music-services-every-day-i-was/.

Eells, Josh. "Lil Nas X: Inside the Rise of a Hip-Hop Cowboy." *Rolling Stone*, May 20, 2019. www.rollingstone.com/music/music-features/lil-nas-x-old-town-road-interview-new-album-836393/.

Evich, Helena Bottemiller. "From Daft Punk to Food Labels." *Politico*, March 7, 2014. www.politico.com/story/2014/03/new-food-labels-fda-kevin-grady-104412.

Fass, Allison. "11 Inspiring Quotes from Sir Richard Branson." Inc., April 10, 2013. www.inc.com/allison-fass/richard-branson-virgin-inspiration-leadership.html.

Fs. "Shep Gordon: Trust, Compassion, and Shooting Friends from Cannons." Episode 65. *The Knowledge Project*. https://fs.blog/knowledge-project/shep-gordon/.

Gallo, Carmine. "5 Reasons Why Steve Jobs's iPhone Keynote Is Still the Best Presentation of All Time." *Inc.*, June 29, 2017. www.inc.com/carmine-gallo/5-reasons-why-steve-jobs-iphone-keynote-is-still-the-best-presentation-of-all-ti.html.

Global Conversation. "Work Hard, Play Hard: The Richard Branson Business Plan." YouTube video, 19:15. January 31, 2014. www.youtube.com/watch?v=g7fbe-oV-X0.

Goodman, Elyssa. "Madame Gandhi Is Here to Disrupt Your Regularly Scheduled

Programming." *Billboard*, September 1, 2017. www.billboard.com/articles/news/pride/7949234/Madame-gandhi-feminism-gender-equality.

Lynch, Joe. "How a Bus Driver Changed Madame Gandhi's Life." *Billboard*, October 25, 2019. www.billboard.com/articles/news/pride/8540385/

Madame-gandhi-visions-interview.

Kats, Kelsey. "Richard Branson on Start-up Success, Trump and the Time He Drove a Tank into Times Square." CNBC News, July 19, 2017. www.cnbc.com/2017/07/19/richard-branson-talks-trump-start-ups-driving-a-tank-in-time-square.html.

Martin, Emmie. "Billionaire Rich Branson: These Are My Top 10 Tips for Success." CNBC, July 21, 2017. www.cnbc.com/2017/07/21/billionaire-richard-bransons-top-tips-for-success.html.

Myers, Mike, and Beth Aala, dirs. *Supermensch: The Legend of Shep Gordon*. Documentary. Seattle, WA: IMDb, 2014.

One Planet. "Biophilia Educational Project." One Planet Network. www.oneplanetnetwork.org/initiative/biophilia-educational-project-0.

Safronova, Valeriya. "Don't Let Madame Gandhi Distract You." *Paper*, January 21, 2020. www.papermag.com/Madame-gandhi-interview-music-video-see-me-thru-2644883012.html?rebelltitem=15#rebelltitem15.

Tomas, Holly. "33 Years Later, Queen's Live Aid Performance Is Still Pure Magic." CNN, November 2018. www.cnn.com/interactive/2018/11/opinions/queen-live-aid-cnnphotos/.

第七章：重混

Biophilia Educational Project. "About Biophilia." https://biophiliaeducational.org/.

Burton, Charlie. "In Depth: How Björk's 'Biophilia' Album Fuses Music with iPad Apps." *Wired*, July 26, 2011. www.wired.co.uk/article/music-nature-science.

Dredge, Stuart. "Björk Cancels Kickstarter Campaign for Biophilia Android and Windows 8 App." *Guardian* (Manchester, UK), February 8, 2013. www.theguardian.com/music/appsblog/2013/feb/08/bjork-cancels-biophilia-kickstarter.——. "Björk Biophilia App Now out for Android Despite Failed Kickstarter." *Guardian* (Manchester, UK), July 17, 2013. www.theguardian.com/technology/appsblog/2013/jul/17/bjork-biophilia-app-android.

Elektra. "Björk on Telegram." 1997. https://14142.net/bjork/articles/bjork/

elektra.txt.

Faena Aleph. "Biophilia: A Revolutionary Educational Project by Bjork." Faena, March 28, 2017. www.faena.com/aleph/articles/biophilia-a-revolutionary-educational-project-by-bjork/#.

Fjellestad, Hans, dir. *Moog: A Documentary Film*. DVD. Written by Hans Fjellestad. Produced by Ryan Page and Hans Fjellestad. New York: Plexiflm, 2005.

Husby, Bård Vågsholm. "Exploring the Dark Matter of Björk's Biophilia Universe: A Study of the Biophilia Educational Project Based on Grounded Theory Methodology." Master thesis, May 18, 2016. Høgskulen på Vestlandet. https://hvlopen.brage.unit.no/hvlopen-xmlui/handle/11250/2481461.

James, Carmen. "Biophilia Educational Project." Gottesman Libraries, Teachers College, Columbia University, March 1, 2015. https://edlab.tc.columbia.edu/blog/16134-Biophilia-Educational-Project.

Knox, Raven. "Bjork Biophilia." Vimeo, 47:34. October 4, 2013. https://vimeo.com/76167996.

MacDonald, Ian. Revolution in the Head: The Beatles' Records and the Sixties. 2nd rev. ed. London: Pimlico (Rand), 2005.

Martin, George. *Summer of Love: The Making of Sgt. Pepper*. With William Pearson. London: Macmillan, 1994.

McGovern, Kyle. "Bjork Needs Your Help to Teach Kids About Science, Technology, and Bjork." *Spin*, January 29, 2013. www.spin.com/2013/01/bjork-kickstarter-biophilia-app-android-educational-program/.

Miles, Barry. *Paul McCartney: Many Years from Now*. New York: Henry Holt and Company, 1998.

Rodriguez, Robert. *Revolver: How the Beatles Reimagined Rock 'n' Roll*. Milwaukee, WI: Backbeat Books, 2012.

Stosuy, Brandon. "Stereogum Q&A: Björk Talks *Biophilia*." Stereogum, June 29, 2011. www.stereogum.com/744502/stereogum-qa-bjork-talks-biophilia/franchises/interview/. Turner, Steve. *Beatles '66: The Revolutionary Year*. New York: HarperLuxe, 2016.

Wikipedia. "*Biophilia* (album)." https://en.wikipedia.org/wiki/Biophilia_(album).

第八章：感受

Aston, Martin. "My Bloody Valentine: Loveless." *Q*, January 1992, 71.

Deevoy, Adrian. "My Bloody Valentine's Kevin Shields: 'I Play Trough Pain.'" *Guardian* (Manchester, UK), October 3, 2013. www.theguardian.com/music/2013/oct/03/my-bloody-valentine-kevin-shields-interview.

Dream State(ments). "Control/Surrender: The Gospel According to Brian Eno." *Medium* (blog), July 8, 2014. https://medium.com/dream-state-ments/control-surrender-9b1602a6dacd.

Eno, Brian. "Composers as Gardeners." Edge, July 17, 2020. www.edge.org/conversation/brian_eno-composers-as-gardeners.

Evans, Jules. "Brian Eno on Surrender in Art and Religion." *The History of Emotions* (blog), June 19, 2013. https://emotionsblog.history.qmul.ac.uk/2013/06/brian-eno-on-surrender-in-art-and-religion/.

Fadele, Dele. "My Bloody Valentine: *Loveless*." *New Musical Express*, November 9, 1991.

Grow, Kory. "My Bloody Valentine's Kevin Shields on the Agony and Ecstasy of 'Loveless.'" *Rolling Stone*, November 15, 2017. www.rollingstone.com/music/music-features/my-bloody-valentines-kevin-shields-on-the-agony-and-ecstasy-of-loveless-204420/.

Jeffries, Stuart. "Surrender. It's Brian Eno." *Guardian* (Manchester, UK), April 28, 2010. www.theguardian.com/music/2010/apr/28/brian-eno-brighton-festival.

Rueb, Emily S. "To Reduce Hospital Noise, Researchers Create Alarms That Whistle and Sing." *New York Times,* July 9, 2019. www.nytimes.com/2019/07/09/science/alarm-fatigue-hospitals.html.

Wikipedia. "*Loveless* (album)." https://en.wikipedia.org/wiki/Loveless_(album)#cite_note-Tribune_review-70.

第九章：重塑

Bienstock, Richard. "Interview: Phil Collen on the Making of Def Leppard's 'Hysteria.'" *Guitar World*, October 1, 2012. www.guitarworld.com/gw-archive/interview-phil-collen-making-def-leppards-hysteria.

Bifue, Ushijima. "Fujiflm Finds New Life in Cosmetics." Nippon.com, April 25,

2013. www.nippon.com/en/features/c00511/.

Fraedrich, Craig. *Practical Jazz Theory for Improvisation*. Winchester, VA: National Jazz Workshop, 2014.

Gross, Terry. "'It Changes You Forever': Lady Gaga on David Bowie and Being Brave." *All Things Considered*, February 21, 2016.

Hammonds, Keith H. "Michael Porter's Big Ideas." *Fast Company*, February 28, 2001. www.fastcompany.com/42485/michael-porters-big-ideas.

Himmelsbach, Erik. "Almost Famous." *Los Angeles Times*, February 5, 2006. www.latimes.com/archives/la-xpm-2006-feb-05-bk-himmelsbach5-story.html.

Huy, Quy, and Timo O. Vuori. "How Nokia Bounced Back (with the Help of the Board)." INSEAD Knowledge, October 10, 2018. https://knowledge.insead.edu/strategy/how-nokia-bounced-back-with-the-help-of-the-board-10211.

Jones, Dylan. *David Bowie: The Oral History*. New York: Three Rivers Press, 2018.

Kot, Greg. "A Glorious Recovery." *Chicago Tribune*, January 27, 1991. www.chicagotribune.com/news/ct-xpm-1991-01-27-9101080478-story.html.

Leddin, Patrick. "What David Bowie's Career Teaches Us About Strategy." Leddin Group, July 2, 2017. https://leddingroup.com/david-bowies-career-teaches-us-strategy/.

Loder, Kurt. "Hysteria." *Rolling Stone,* September 24, 1987. www.rollingstone.com/music/music-album-reviews/hysteria-2-247727/.

Miami Herald Archives. "Gloria Estefan Was on Top of the Music World. It Nearly Ended in Tragedy on the Road." *Miami Herald*, March 4, 2019. www.miamiherald.com/entertainment/music-news-reviews/article227075764.html.

Moreno, Carolina. "What Gloria Estefan Did When She Was Told She Might Never Walk Again." HuffPost, September 12, 2016. www.huffpost.com/entry/gloria-estefan-accident-paralyzed_n_57d6e5bfe4b06a74c9f5d03b.

Nokia. "Our History." www.nokia.com/en_int/about-us/who-we-are/our-history.

Reeves, Martin. "How to Build a Business That Lasts a Hundred Years." TED Talks, 14:47. May 2016. www.ted.com/talks/martin_reeves_how_to_build_a_business_that_lasts_100_years.

Saccone, Teri. "Rick Allen." *Modern Drummer*, March 1988. www.

moderndrummer.com/wp-content/uploads/2017/06/md100cs.pdf.

Solomon, Micah. "How This New Jersey Factory Is Pivoting Its Business to Manufacture Essential Face Shields in Response to COVID-19." *Forbes*, March 22, 2020. www.forbes.com/sites/micahsolomon/2020/03/22/how-a-private-new-jersey-factory-is-pivoting-its-business-to-manufacture-essential-face-shields/#6433a697234b.

Wagner, Eric T. "Five Reasons 8 out of 10 Businesses Fail." *Forbes*, September 12, 2013.

Warsia, Noor Fathima. "The Essence of Strategy Is Making Choices: Michael E. Porter." *Businessworld*, July 17, 2020. www.businessworld.in/article/The-Essence-Of-Strategy-Is-Making-Choices-Michael-E-Porter/24-05-2017-118791/.

Wilner, Paul. "Def Leppard's Rick Allen Picked Up His Life—and His Sticks—After a Shattering Car Accident. He's Still Playing, with a Mission to Help Veterans." *Monterey County Weekly*, January 3, 2019. www.montereycountyweekly.com/news/cover/def-leppard-s-rick-allen-picked-up-his-life-and/article_945664b8-0ef9-11e9-83c9-ab395a90e993.html.

Wilson, Mark. "Dyson Plans to Build 15,000 Ventilators to Fight COVID-19." *Fast Company*, March 25, 2020. www.fastcompany.com/90481936/dyson-is-building-15000-ventilators-to-fght-covid-19.

Woideck, Carl. *Charlie Parker: His Music and Life*. Ann Arbor: University of Michigan Press, 1996.

唱片封套文字說明：致謝

感　謝 Caleb Ludwick、Rick Richter、Todd Schuster、Colleen Lawrie、Kimberly Panay、Ramona Taj Hendrix、Caroline Gregoire、Roger Brown、伯克利音樂學院、IDEO、Rita Dalton、Tiffany Knight、Nicole d'Avis、Pharrell Williams、Imogen Heap、Paul Wachter、Tim Chang、Desmond Child、Steve Vai、David Mash、David Friend、Susan Rogers、Justin Timberlake、John Stirratt、Spencer Tweedy、Hank Shocklee、Jimmy Iovine、T Bone Burnett、Steve Stoute、Will Dailey、Kevin Grady、Lawrence Azzerad、André Obin、Jenn Trynin、Kristen Ellard、Kiran Gandhi、Yoko Sen、Emilio and Gloria Estefan、我們的雙親——以及所有為我們帶來啟發的藝人，不及備載！

隱藏曲目

小時候，我們很喜歡找 CD 有沒有隱藏曲目，到了這把年紀也一樣！這最後一份歌單的曲目來自本書提及的藝人和朋友，其中也包括麥克的音樂創作分身 R · M · 亨里克斯（R.M. Hendrix）。

歌單

〈秘密武器〉（Secret Weapon）／R · M · 亨里克斯
〈平凡人生〉（Ordinary Life）／克莉絲汀 · 巴瑞（Kristen Barry）
〈我被今天打敗了〉（Today Is Crushing Me）／威爾 · 戴利
〈好過什麼也沒有〉（Better Than Nothing）／珍 · 崔寧（Jen Try）
〈天上的月亮〉（Moon in the Sky）／甘地夫人
〈神經喚術〉（Neuromance）／黑色塑膠（Black Plastic）
〈金髮〉（Golden Hair）／安德烈 · 歐賓（André Obin）
〈怪胎〉（柏林宿醉試音版）／亞曼達 · 帕曼（Amanda Palmer）

深度聆聽：超脫合唱團的〈無盡的無名〉（Endless Nameless）。《從不介意》（*Nevermind*）整張專輯在結束後沉寂了十分鐘，才響起這首隱藏曲目。你看，我們又回到原點了。

附錄：中英對照表

O'Connor, Sinéad 辛妮・歐康諾
OK 電腦（專輯）OK Computer (album)
People at Parties（樂團）
PillPack（網路藥局）
Pitchfork（雜誌）
Q 雜誌 *Q magazine*
Run DMC（饒舌團體）
sensing 運用體感
Square（公司）
SST 唱片公司 SST Records
Tidal（串流平台）
Timbaland（公司）
TJ・帕克 Parker, TJ
U2（樂團）
Xfire（即時通訊軟體公司）
XQ 學院 XQ Institute
Yeezy 3（服飾品牌）
Zappos（網路零售商店）
ZX Spectrum（音效實驗片段）

1劃

一星期（歌曲）"One Week"

2劃

丁字褲頌（歌曲）"Thong Song"
九吋釘樂團 Nine Inch Nails
人在俱樂部（歌曲）"In Da Club"
人行道樂團 Pavement
人民公敵 Public Enemy
入耳式耳機 earbuds
八十八號火箭（歌曲）"Rocket 88"
刀口（吉他手）The Edge

3劃

三輪公司 Tricycle
上路！（是為了再回來）（特維迪自傳）

數字與英文

34 鬼之四（歌曲）"34 Ghosts IV"
AC/DC（樂團）
ARP 樂器公司 ARP Instruments
BBC 廣播聲音工作坊 Radiophonic Workshop, BBC
BBD 三人組 Bell Biv Devoe
Beats（耳機）
Beats（耳機公司）Beats
BJÖRK venture Avoxblue（樂團）
CMB（樂團）
Def Jam 唱片公司 Def Jam Records
DGC 唱片公司 DGC Records
EPMD（音樂團體）
FCB 廣告公司 FCB advertising agency
Foreign Resort（樂團）
Game Boy（掌上遊戲機）
IBM（公司）
IDEO（設計公司）
IDEO 雙週駐村計畫 IDEO Fortnight
IMarkkeyz（DJ）
INTRSTLR（區塊鏈串流平台原型）
JEM 電吉他 JEM guitars
Kiss Kiss 合唱團
Kodacrome（樂團）
LL 酷 J LL Cool J
M.I.A.（饒舌歌手）
Medium（內容發表平台）
MeLo-X（DJ 暨饒舌歌手）
Mi.Mu 智慧手套 Mi.Mu smart gloves
MNEK（詞曲創作人）
N.W.A.（嘻哈團體）
Napster（音樂分享平台）
NME 音樂週刊 *NME magazine*

5 劃

4 劃

6 劃

8 劃

7 劃

9 劃

10劃

荒唐（專輯）*Cockamamie* (album)
茱莉・皮爾森 Pearson, Julie
迷霧聖父 Father John Misty
迷惑之星樂團 Mazzy Star
流年之嘆（專輯）*Sign o' the Times* (album)
倫敦馬拉松 London Marathon
原聲帶（試聽帶精選輯）*Originals* demo songs
埃及豔后唱片公司 Cleopatra Records
埃羅・沙里寧 Saarinen, Eero
夏普・高登 Gordon, Shep
峽灣音源 Fjord Audio
席爾鐸・李文斯頓（大巫師席爾鐸）Livingstone, Theodore ("Grand Wizard Theodore")
庫卜勒—吉渥雷合成器 Coupleux-Givelet synthesizer
捉迷藏（歌曲）"Hide and Seek"
格芬唱片公司 Geffen Records
格勞喬・馬克斯 Marx, Groucho
泰勒絲 Swift, Taylor
海灘男孩合唱團 Beach Boys
海頓 Haydn, Josef
海拉・湯瑪斯多蒂 Tomasdottir, Halla
烈火紅唇合唱團 Flaming Lips
特雷門琴 theremin
班・史文森 Svenson, Ben
病毒（歌曲）"Virus"
真愛會等待（歌曲）"True Love Waits"
索尼音樂公司 Sony Music
紐約時報 *New York Times*
納斯小子 Lil Nas X
納斯 Nas
航海家一號太空船 Voyager I spacecraft
衰減（音樂術語）decay (music)
馬丁・艾斯頓 Aston, Martin
馬克・艾可 Ecko, Marc
馬克・賈德納 Gardener, Mark
馬文・凱利 Kelly, Marvin
馬友友 Ma, Yo-Yo
馬克斯・馬丁 Martin, Max
派特・麥席尼 Metheny, Pat
洛杉磯時報 *Los Angeles Times* (newspaper)
洛依・奧比森 Orbison, Roy
為你鍾情（電影）*Walk the Line* (film)
炸彈小組 Bomb Squad
珍奈・柯曼諾斯 Comenos, Janet
珍妮絲・賈普琳 Joplin, Janis
珍珠果醬合唱團 Pearl Jam
珍・西摩兒 Seymour, Jane
珍・崔寧 Trynin, Jen
皇帝艾維斯 Costello, Elvis
皇后合唱團 Queen
紅石露天劇場 Red Rocks Amphitheater
紅心合唱團 Heart
約翰・凱吉 Cage, John
約瑟夫・吉渥雷 Givelet, Joseph
約翰・傳奇 Legend, John
約翰・藍儂 Lennon, John
約翰・麥倫坎 Mellencamp, John
約翰・史蒂拉特 Stirratt, John
美國（歌曲）"America"
美國偶像（真人實境秀）*American Idol*
美國頭號通緝犯（專輯）*AmeriKKKa's Most Wanted* (album)
美國食品和藥物管理署 Food and Drug Administration
美國國家公共廣播電臺 National Public Radio (NPR)
美國太空港 Spaceport America
美國愈變愈黑：嘻哈音樂如何創造重寫新經濟規則的文化（史托特著作）*Tanning of America, The: How Hip Hop Created a Culture that Rewrote the Rules of the New Economy* (book by Stoute)
虹月樂團 Iris Lune
重新設計 re-design
音樂治療（音樂與醫療衛生研究所）music therapy (Music and Health Institute)
音速青春合唱團 Sonic Youth
音園合唱團 Soundgarden
首頁鍵 home button
香奈兒公司 Chanel

12 劃

11 劃

14 劃

13 劃

16 劃

17 劃

15 劃

22 劃

23 劃

27 劃

18 劃

19 劃

20 劃

21 劃

音樂家的點子就是比你快兩拍
跟流行樂天才學商業創新思維

原著書名　Two Beats Ahead: What Musical Minds Teach Us About Innovation
作　　者　帕諾斯・巴奈（Panos A. Panay）、
　　　　　麥可・亨里克斯（R. Michael Hendrix）
譯　　者　林凱雄

總 編 輯　王秀婷
責任編輯　郭羽漫
行銷業務　黃明雪
版　　權　徐昉驊

發 行 人　凃玉雲
出　　版　積木文化
　　　　　104 台北市民生東路二段 141 號 5 樓
　　　　　電話：(02) 2500-7696 ｜傳真：(02) 2500-1953
　　　　　官方部落格：http://cubepress.com.tw/
　　　　　讀者服務信箱：service_cube@hmg.com.tw
發　　行　英屬蓋曼群島商家庭傳媒股份有限公司城邦分公司
　　　　　台北市民生東路二段 141 號 11 樓
　　　　　讀者服務專線：(02)25007718-9 ｜ 24 小時傳真專線：(02)25001990-1
　　　　　服務時間：週一至週五上午 09:30-12:00、下午 13:30-17:00
　　　　　郵撥：19863813 ｜ 戶名：書虫股份有限公司
　　　　　網站：城邦讀書花園　網址：www.cite.com.tw
香港發行所　城邦（香港）出版集團有限公司
　　　　　香港灣仔駱克道 193 號東超商業中心 1 樓
　　　　　電話：852-25086231 ｜ 傳真：852-25789337
　　　　　電子信箱：hkcite@biznetvigator.com
馬新發行所　城邦（馬新）出版集團 Cite (M) Sdn Bhd
　　　　　41, Jalan Radin Anum, Bandar Baru Sri Petaling, 57000 Kuala Lumpur, Malaysia.
　　　　　電話：603-90578822　　傳真：603-90576622
　　　　　email: cite@cite.com.my

封面設計　施漢欣
內頁排版　薛美惠
製版印刷　上晴彩色印刷製版有限公司

城邦讀書花園
www.cite.com.tw

Copyright © 2021 by Panos A. Panay and R. Michael Hendrix
This edition published by arrangement with Public Affairs, an imprint of Perseus Books, LLC, a subsidiary of Hachette Book Group, Inc., New York, USA. through Bardon-Chinese Media Agency.
All rights reserved.
Traditional Chinese edition copyright: 2022 CUBE PRESS, A DIVISION OF CITE PUBLISHING LTD. All rights reserved.

【印刷版】
2022 年 5 月 26 日　初版一刷
售價／ NT$ 480
ISBN　978-986-459-402-3
【電子版】
2022 年 5 月
ISBN　978-986-459-412-2（EPUB）
【有聲版】
2022 年 6 月
ISBN　978-986-459-400-9（mp3）

版權所有・翻印必究　Printed in Taiwan.

國家圖書館出版品預行編目 (CIP) 資料

音樂家的點子就是比你快兩拍：跟流行樂天才學商業創新思維 / 帕諾斯 . 巴奈 (Panos A. Panay), 麥可 . 亨里克斯 (R. Michael Hendrix) 作 ; 林凱雄譯 .
-- 初版 . -- 臺北市：積木文化出版：英屬蓋曼群島商家庭傳媒股份有限公司城邦分公司發行，2022.05
面；　公分
譯自：Two beats ahead : what musical minds teach us about innovation.
ISBN 978-986-459-402-3（平裝）

1.CST: 企業經營 2.CST: 創造力 3.CST: 創意

494.1　　111003931